Bernd Stelzer

Kompetenzentwicklung im Vertrieb

Effizientere Verkaufstrainings konzipieren, umsetzen und evaluieren

2019
Schäffer-Poeschel Verlag Stuttgart

Bibliografische Information der Deutschen Nationalbibliothek
Die Deutsche Nationalbibliothek verzeichnet diese Publikation
in der Deutschen Nationalbibliografie; detaillierte bibliografische
Daten sind im Internet über < http://dnb.d-nb.de > abrufbar.

Gedruckt auf chlorfrei gebleichtem,
säurefreiem und alterungsbeständigem Papier

Print: ISBN 978-3-7910-4424-8   Bestell-Nr. 10448-0001
ePDF: ISBN 978-3-7910-4426-2   Bestell-Nr. 10448-0150
ePub: ISBN 978-3-7910-4425-5   Bestell-Nr. 10448-0100

© 2019 Schäffer-Poeschel
Verlag für Wirtschaft · Steuern · Recht GmbH
www.schaeffer-poeschel.de
service@schaeffer-poeschel.de

Umschlagentwurf: Goldener Westen, Berlin
Umschlaggestaltung: Kienle gestaltet, Stuttgart
Bildnachweis (Cover): ©zorandim75, fotolia
Lektorat: Barbara Buchter, extratour, Freiburg
Satz: Claudia Wild, Konstanz

April 2019

Schäffer-Poeschel Verlag Stuttgart
Ein Unternehmen der Haufe Group

Kostenlos mobil weiterlesen! So einfach geht's:

 1. Kostenlose App installieren

 2. Zuletzt gelesene Buchseite scannen

 3. Ein Viertel des Buchs ab gescannter Seite mobil weiterlesen

 4. Bequem zurück zum Buch durch Druck-Seitenzahlen in der App

 **Hier geht's zur kostenlosen App:**
www.papego.de
Erhältlich für Apple iOS und Android.
Papego ist ein Angebot der Briends GmbH, Hamburg
www.papego.de

Geleitwort

Die zentrale Anforderung an die heutigen Lernkonzeptionen in Unternehmen sind in folgender Beschreibung treffend zusammengefasst:

> »Wie entwickeln unsere Mitarbeiter Werte und Kompetenzen für die Bewältigung heutiger Aufgaben, aber auch für Herausforderungen, die gegenwärtig noch gar nicht existieren, für die Nutzung von Technologien, die noch gar nicht entwickelt sind, um Probleme handlungssicher zu lösen, von denen wir heute noch nicht wissen, dass sie entstehen werden?«
>
> Youtube »Shift happens 2018«

Damit wird deutlich, dass die Mitarbeiter mit dem bisherigen »Vorratslernen« nicht auf die zukünftigen Herausforderungen vorbereitet werden können. Sie benötigen vielmehr Werte und Kompetenzen, um mit diesen zukünftigen Herausforderungen selbstorganisiert umgehen zu können. Dies gilt in besonderem Maße für den Vertrieb, da die Veränderungsdynamik in diesem Bereich besonders hoch ist.

Im Zuge der digitalen Transformation und der daraus verstärkten Kompetenzorientierung des Corporate Learning gewinnen auch Werte an Bedeutung, da die Mitarbeiter zunehmend selbstorganisiert entscheiden und handeln müssen. Dies setzt jedoch Ordner des Handelns, also verinnerlichte Werte, voraus.

Je offener die Zukunft, desto wichtiger werden Kompetenzen und damit Werte!

Immer mehr Entscheider – Vorstände, Geschäftsführer oder Bereichsleiter – spüren, dass die heutigen seminaristischen Bildungskonzeptionen mit einem Wirkungsgrad von weniger als 10 Prozent den Lernbedarf in einer digitalisierten, agilen Arbeitswelt nicht mehr gerecht werden. Sie benötigen eine zukunftsorientierte Corporate-Learning-Strategie, es fehlen ihnen jedoch meist die Erfahrungswerte, da die neuen Lernkonzeptionen einen Paradigmenwechsel erfordern:

- Nicht mehr die »Vermittlung« von Inhalten, sondern die ganzheitliche Entwicklung der Mitarbeiter ist das Ziel.
- Curricula, die alle Menschen gleich behandeln und der aktuellen Entwicklung ständig hinterherhinken, werden durch individuelle und laufend aktualisierte Werte- und Kompetenzziele ersetzt.

- Die bisherige »Belehrungsdidaktik« mit dem Konzept des »Vorratslernens« muss durch eine »Ermöglichungsdidaktik« abgelöst werden, die auf die selbstorganisierte Kompetenzentwicklung der Mitarbeiter zielt.
- Diese Mitarbeiterentwicklung kann nicht mehr fremdorganisiert in Seminaren erfolgen, sondern nur selbstorganisiert im Prozess der Arbeit und im Netz. Die Mitarbeiter übernehmen eine aktive Rolle in ihrer eigenen Entwicklung, die sie selbst verantworten und selbstorganisiert gestalten.
- Vom »Wissen ist Macht« zu »Wissen teilen ist Macht«: Fortwährendes Lernen sowie das Teilen von Wissen sind in der DNA der Organisation und im Leitbild fest verankert. Arbeiten und Lernen sind untrennbar verbunden. Die Lernkultur stützt sich auf gelebte Werte wie Offenheit, Vielfalt, Vertrauen, Partizipation, Augenhöhe, Kooperation, Autonomie, Experimentierfreude und Gemeinschaft. Fehler werden als Lernchance betrachtet.
- Lernen wird nicht mehr top-down zentral gesteuert, sondern bottom-up durch die Mitarbeiter selbstorganisiert und kollaborativ gestaltet.
- Der Bildungsbereich agiert zunehmend als Initiator und Treiber eines übergreifenden und interdisziplinären Lern-Netzwerkes, das gemeinsam mit Führungsebenen und anderen Organisationseinheiten innovative Entwicklungsansätze erprobt.
- Die Führungskräfte wandeln ihre Rolle zum Entwicklungspartner, die die Rahmenbedingungen für die Entwicklung ihrer Mitarbeiter gestalten und ihre personalisierten Lernprozesse begleiten.
- Professionelle Entwicklungsberater begleiten die personalisierte, zielgerichtete Entwicklung der Mitarbeiter durch methodische Lernberatung, das inhaltlich- und problembezogene Coaching und das persönlichkeitsbezogene Mentoring.

Diese Veränderungen gelten in besonderem Maße für die Kompetenzentwicklung im Vertriebsbereich. Offene und dynamische Situationen, in denen Entscheidungen gefragt sind, gehören im Vertrieb zum Alltag. Um in diesen oft schwer überschaubaren Situationen kreativ und trotzdem effektiv zu handeln, braucht es mehr als Wissen: Es zählen die erworbenen Kompetenzen.

Vertriebsmitarbeiter brauchen also Kompetenzen! Nur: Was sind Kompetenzen? Und: Wie können wir sie im Alltag und am Arbeitsplatz erwerben? Diesen Fragen geht Bernd R. Stelzer in seinem praxisorientierten Werk zukunftsorientiert und anschaulich nach. Er hat dabei nicht nur ein weiteres Lehrbuch entwickelt, sondern eröffnet vielmehr vielfältige Denkanstöße und Anregungen zur Umsetzung in der Bildungspraxis.

Berlin im November 2018
Prof. Dr. Werner Sauter

Vorwort

Schon in der Nachkriegszeit, in den 1950er-Jahren, entstanden erste Verkaufstrainings. So richtig ins Rollen kamen sie jedoch erst mit dem massiven Wandel vom Verkäufermarkt zum Käufermarkt in den 1970er-Jahren. Die Verkaufstrainings der 1970er-Jahre unterscheiden sich inhaltlich und didaktisch von den Trainings heute kaum, wenn man von der Trainingsdauer einmal absieht. Während ein Verkaufstraining vor 50 Jahren über ein Jahr verteilt noch sechs bis zehn Tage dauerte, werden heute ähnliche Inhalte in ein bis drei Tagen abgehandelt. Da Lernen bekanntlich Zeit braucht, sind die Verkaufstrainings folglich qualitativ eher schlechter als besser geworden. Entscheidender ist allerdings, dass sich die Welt des Verkaufens in den letzten Jahren immer schneller dreht und dadurch neue Herausforderungen für Verkaufsmitarbeiter mit sich bringt. Verkaufstrainings, die wie früher der behavioristischen Lerntheorie entspringen – und das dürfte heute noch der allergrößte Teil sein –, zeigen in der Welt der agilen Transformation immer weniger Wirkung. Dafür gibt es eine Reihe von Gründen und Ursachen, über die in der Literatur nicht allzu viel zu finden ist.

Deshalb entstand dieses Buch: ein theoretisches und ein praktisches Buch zugleich, das aufzeigt, warum die Weiterbildung von Vertriebsmitarbeitern mit herkömmlichen Verkaufstrainings nicht mehr gelingen kann, das aber auch erfolgreiche Wege in der Vertriebsweiterbildung aufzeigt. Darüber hinaus macht das Buch deutlich, dass auch die Führungs- und Lernkultur im Unternehmen zur effizienteren Weiterentwicklung von Vertriebsmitarbeitern beitragen kann.

In der heutigen Zeit reicht es nicht mehr aus, Wissen zu vermitteln. Menschen haben nicht gelernt, wenn sie etwas wissen, Menschen haben gelernt, wenn sie etwas Neues können, denn das Können ist entscheidend.

Ein wichtiger Aspekt ist aber auch, Verkaufstrainings besser messbar zu machen, damit der Erfolg einer Maßnahme sichtbar wird. Andernfalls sehen sich die nach wie vor notwendigen Verkaufstrainings schnell dem Vorwurf gegenüber, nichts zu nützen. Es ist also an der Zeit, sich Gedanken darüber machen, wie die Weiterentwicklung von Verkaufsmitarbeitern methodisch, didaktisch und vom gesamten Lerndesign her gestaltet sein muss, damit sich Erfolge einstellen, damit Erfolge messbar sind und damit Erfolge nachhaltig werden.

Das gelingt nur, wenn wir uns der konstruktivistischen Lerntheorie zuwenden und kompetenzbildende Weiterbildungsmaßnahmen für Verkaufsmitarbeiter gestalten. Diese Veränderung erfordert einen Changeprozess in Sachen Weiterbildung, an dem Verkäufer selbst, Führungskräfte, Personalentwickler und Trainer, aber auch Trainerausbilder teilnehmen müssen. Wir müssen deshalb die Perspektive wechseln und lernen, dass wir für die Zukunft entwickeln und nicht für die Vergangenheit. Otto Scharmer, dessen Theorie U in diesem Buch im Zusammenhang mit Führungskräftetraining beschrieben wird, sagt, dass jeder Mensch eigentlich aus zwei Menschen besteht, einem, der aus der Vergangenheit kommt, und einem, der in die Zukunft will. Für die Vergangenheit brauchen wir verständlicherweise keine Mitarbeiterentwicklung, aber umso mehr für die Zukunft.

Ihr
Bernd Stelzer M.A.

Inhaltsverzeichnis

Teil 1

1 Was sind Kompetenzen im pädagogischen Sinne

»Im 21. Jahrhundert wird sich mehr verändern, als die letzten 10.000 Jahren vorher.« Mit diesen Worten begann 2017 die Vorlesung des bekannten Universitätsprofessors Rolf Arnold an der TU Kaiserslautern. Die Veränderungsgeschwindigkeit nimmt von Jahr zu Jahr zu. Das, was wir agile Transformation nennen, ist in vollem Gange. Die digitale Transformation, die am meisten von sich reden macht, ist nur ein Teil der agilen Transformation und umfasst nur die Digitalisierungsprozesse im Rahmen von Veränderungen. Mit der agilen Transformation kommen aber alle Räder mächtig ins Rollen und sorgen dafür, dass im Unternehmensbereich Vertrieb die agile Transformation am stärksten spürbar wird. Der Vertrieb, der weit über die Grenzen des eigenen Unternehmens hinausgeht, sieht sich der Situation gegenüber, dass sich Kunden permanent verändern. Alles was im eigenen Unternehmen an Veränderungen stattfinden kann, findet auch in mehr oder minder intensiver Form bei jedem einzelnen Kunden statt. Kunden verändern ihre Unternehmensprozesse und ihr Produkt-/Dienstleistungsportfolio, was massive Auswirkungen auf das Kaufverhalten der Kunden haben kann. Wenn z. B. ein Kunde in der Produktion Metallteile durch Kunststoffteile substituiert, kann das für einen Lieferanten, der bisher Metallteile geliefert hat, das Aus für die Belieferung dieses Kunden bedeuten. Oder es kommt vor, dass ein Kunde seine Prozesse und seine Organisation umorganisiert und dadurch andere Abteilungen oder andere Ansprechpartner für den jeweiligen Verkäufer zuständig sind, möglicherweise Personen, zu denen bisher kaum eine Beziehung bestand. Vielleicht findet aber auch im Rahmen einer Reorganisation eine Lieferantenstraffung statt, bei der z. B. 40 % aller Lieferanten durch das Raster fallen und so den Kunden verlieren. Daneben gibt es noch viele andere Möglichkeiten und Risiken, die Veränderungen im B2B-Kundengeschäft mit sich bringen.

Doch die Digitalisierung macht sich nicht nur bei B2B-Kunden bemerkbar, im Zuge der digitalen Transformation verändern auch private Endverbraucher in immer kürzeren Zyklen ihr Kaufverhalten. Durch Innovationen, die der Markt schnell annimmt, können Produktbereiche oder Dienstleistungen für ein Unternehmen innerhalb kürzester Zeit wegbrechen. Dafür gibt es genügend Beispiele aus dem Telekommunikationsbereich, beispielsweise den schnellen Niedergang von SMS oder Fax. Darüber hinaus sind auch die jeweiligen Mitbewerber ständig in Bewegung und machen Verkäufern im großen Transformationsmix zu schaffen. Zusammenschlüsse, Übernahmen, Fusionen und Geschäftserweiterungen von Mitbewerbern sind Aspekte, mit denen Verkäufer zu rechnen haben und mit denen sie zurechtkommen müssen. Aber auch Strukturveränderungen und Änderung der Geschäftsprozesse, neue Investoren und andere Einflüsse bei den Mitbewerbern können zu überraschenden Auswirkungen führen.

Und schließlich verändert sich auch das Unternehmen, für das Sie tätig sind, ständig, passt sich durch neu gestaltete Prozesse der Marktsituation an oder prescht mit Innovation nach vorne. In diesem mächtigen Veränderungsumfeld bewegen Sie sich als Verkäufer und es wird von Ihnen erwartet, dass Sie Ziele, meist in Form einer Umsatzsteigerung, erreichen. In den Internetforen wird unterdessen heftig darüber diskutiert, was einen guten oder einen Spitzenverkäufer ausmacht. Dabei hat jeder Forenschreiber seine eigenen Vorstellungen und betrachtet die Situation von seinem Standpunkt aus.

Ein klares Bild entsteht dadurch allerdings so gut wie nicht, weil Verkäufer ganz unterschiedliche Aufgabenbereiche oder Berufsbilder haben. Es gibt Verkäufer für komplexe, kundenindividuelle Investitionsgüter, z. B. Industrieanlagen, und Verkäufer für einfache standardisierte Investitionsgüter, wie z. B. Kehrmaschinen. Ebenso finden wir Verkäufer von Software, die standardisiert oder individuell anbieten, Verkäufer, die regelmäßige Verkäufe im B2B-Markt tätigen, wie z. B. Rohstoffe, Hilfsstoffe oder Bürobedarf. Wieder andere verkaufen an den Groß- oder Einzelhandel, es gibt Verkäufer, die direkt an das Handwerk und an den Handwerker verkaufen und so z. B. den Heizungsbauer zum Absatzmittler ihrer Produkte machen. Darüber hinaus haben wir die breite Front der Verkäufer des Handels, die entweder an den Einzelhandel oder an private Endverbraucher verkaufen. Und last but not least haben wir Verkäufer aus der Industrie und aus Dienstleistungsunternehmen, die direkt an private Endverbraucher verkaufen, z. B. die große Heerschar der Versicherungsverkäufer.

In all diesen Berufsfeldern funktioniert der Verkauf anders, ist anderen Veränderungen unterworfen und entsprechend entwickeln sich die Anforderungen an Verkäufer unterschiedlich. Die Folge davon ist, dass alle Unternehmen und alle im Verkauf beschäftigten Mitarbeiter, Manager und Führungskräfte unterschiedliche Verkaufsphilosophien vertreten, die sie gerne nach ihren Vorstellungen in die Praxis umsetzen möchten.

Jedes Unternehmen hat folglich eigene Vorstellungen davon, wie der Verkauf vonstattengehen sollte und welche Anforderungen die Verkäufer dafür erfüllen müssen. Hier kommen sehr unterschiedliche Konstrukte der Arbeitsweise, der Führung und der Vertriebssteuerung zum Tragen, die letztlich das Handeln, die

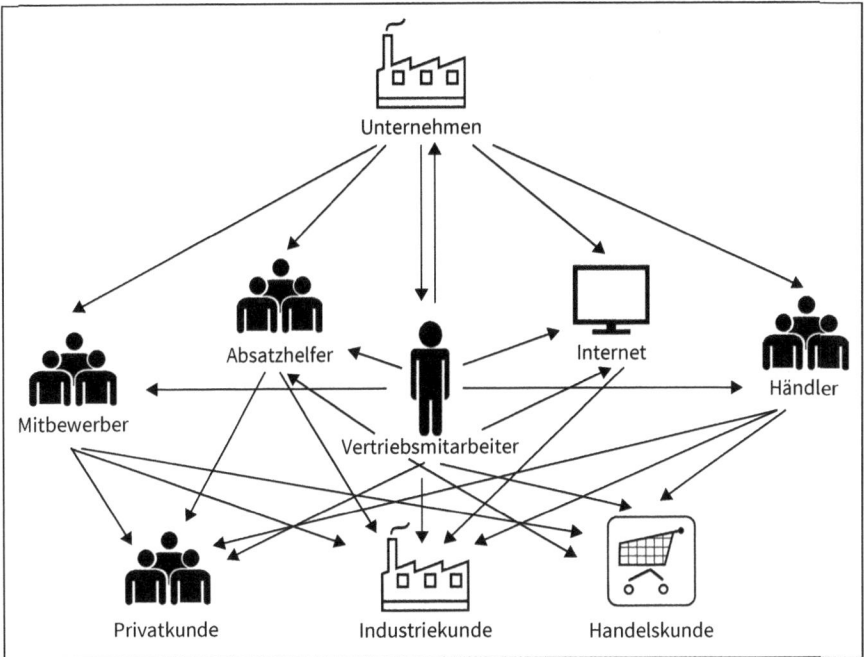

Abb. 1: Beziehungsgeflecht und Changepotenzial für Verkäufer

Motivation, die Einstellung und das Engagement der Verkaufsmitarbeiter nachhaltig beeinflussen. Das hat mit Vorgaben, Handlungsspielräumen und der damit verbundenen Flexibilität der Verkaufsorganisation zu tun.

Dieses Geflecht beeinflusst als Ganzes die Arbeit eines Verkaufsmitarbeiters und damit auch seinen Erfolg. Die Vorstellung, dass Verkaufen nach bestimmten Gesetzen zu erfolgen hat, wird in diesem Zusammenhang immer abwegiger. Verkaufen erfordert heute mehr denn je die volle Bandbreite an Flexibilität und Kreativität des Verkäufers. Dennoch sehen sehr viele Unternehmen den persönlichen Verkauf in erster Linie als eine Verrichtungsfunktion, das bedeutet, der Verkaufsmitarbeiter soll Kunden kontaktieren, Verkaufsgespräche führen und Verkaufsabschlüsse erzielen.

Durch die eingangs beschriebene permanente Veränderung im Marktgeschehen wandelt sich der Verkaufsvorgang mehr hin zu einer Gestaltungsfunktion, die natürlich andere Anforderungen an Verkäufer stellt.

Mit den neuen Anforderungen, die also auf Verkäufer zukommen, verändern sich auch die Maßnahmen zur Verkäuferentwicklung und damit verbunden die Verkaufstrainings. Mit dem Kunden gemeinsam erarbeitete Konzepte zur Problemlösung gewinnen in vielen Berufsfeldern an Bedeutung.

BEISPIEL

Ein Kunde kauft zu 80 % sogenannte C-Artikel ein, das sind Produkte mit einem geringen Einkaufsvolumen. Diese Artikel binden allerdings den größten Teil der Arbeitszeiten von Mitarbeitern im Einkauf. Das bedeutet, der Einkauf von C-Artikeln verursacht sehr hohe Prozesskosten. Wichtiger als zwei bis drei Prozent beim Einkauf über Produktkosten zu sparen, ist es in diesem Fall, für den Kunden die Prozesskosten deutlich abzusenken. So sind einige Hersteller von C-Artikeln längst dazu übergegangen, mit den Lieferanten gemeinsam Prozesskostenanalysen durchzuführen, um hier deutliche Einsparungen bei den Kosten des Beschaffungsprozesses zu erzielen.

In der neuen Welt der agilen Transformation geht es in vielen Bereichen darum, dem Kunden mehr Produkt- und Dienstleistungsflexibilität zu bieten. Schon heute sind z. B. Pkw auf dem Markt, bei denen der Kunde unter mehreren tausend Ausstattungsvarianten wählen kann. Diese Flexibilität wird künftig auch in anderen Bereichen von Kunden erwartet werden, wer sie bieten kann, hat einen deutlichen Wettbewerbsvorteil. Dadurch werden sich Fertigungsprozesse verändern und es kann leicht passieren, dass damit verbunden ein Lieferant plötzlich nicht mehr attraktiv erscheint oder bei den weiteren Überlegungen eines Unternehmens völlig außen vor bleibt, weil er die neuen Anforderungen nicht erfüllen kann.

In diesem sich rasch änderten Marktgeschehen wird von Verkäufern zunehmend erwartet, gemeinsam mit dem Kunden neue Lösungen zu gestalten. Für diese sich entwickelnde Gestaltungsfunktion benötigen Verkäufer nicht nur Gesprächsführungs- und Abschlusstechniken, sondern immer stärker Problemlösekompetenzen, um dem Kunden gute Lösungen anbieten zu können.

Gesprächsführungs- und Abschlusstechniken greifen daher im Verkauf immer kürzer, und zwar unabhängig davon, in welchem Berufsfeld sich ein Verkäufer bewegt. Es wird aus den genannten Gründen dringend notwendig, die Kompetenzen der Verkaufsmitarbeiter zu entwickeln, damit diese die immer wieder neu entstehenden Herausforderungen, die sich vonseiten der Kunden stellen, besser und souveraner meistern können. Die Fundamente für gute Verkaufsarbeit verlagern sich mehr in die Vorstufen des Verkaufsprozesses.

Die heute praktizierten klassischen Verkaufstrainingsprogramme sind für den agilen und digitalen Wandel völlig unbrauchbar geworden; sie sind vorwiegend vergangenheitsorientiert ausgerichtet und versuchen Zukunft mit Elementen der Vergangenheit zu gestalten. Ein großer Teil der bisherigen Verkaufstrainings ist somit sogar kontraindiziert, weil nur eine klare Zukunftsorientierung zu besseren Weiterbildungsergebnissen führen kann. Moderne Verkäuferqualifizierungen müssen neben der Ausrichtung auf die Unternehmensstrategie in der Lage sein, die Kompetenzen zu entwickeln, deren es für die Meisterung neuer Herausforderungen, die noch in der Zukunft liegen, bedarf. So wird z. B. das Thema Informationsbeschaffung und Informationsverwertung zwar von Verkäufern zunehmend gefordert und könnte durch ausgefeilte CRM-Systeme auch gesteuert und begleitet werden. Allerdings lassen diese Systeme die Aufnahme und Verarbeitung von nonfaktischen Informationen gar nicht zu, aber gerade die zunehmende Wichtigkeit von konzeptioneller Kundenarbeit lässt sich ohne nonfaktische Informationen, die aussagen, was der Kunde will, was er beabsichtigt und wie er denkt, gar nicht bewerkstelligen.

Im B2B-Business, in dem Buying-Center mit bis zu 30 Personen an Kaufentscheidungen beteiligt sind, treffen faktische Entscheidungen auf alle Beteiligten zu, nicht aber die nonfaktischen. Diese können sehr vielfältig und von Entscheider zu Entscheider ganz unterschiedlich sein. Während der eine Kaufbeeinflusser bei seiner Entscheidung eher das altbewährte bevorzugt, steht ein anderer mehr auf Innovation und technischen Fortschritt. Welcher Kaufentscheider welche Ansicht und Philosophie vertritt, ist letztlich für den Kauf von Bedeutung und der Verkäufer sollte die unterschiedlichen Meinungen der Mitentscheider, ihre Philosophie und ihre Vorstellungen sehr gut kennen, um besser verhandeln und um geeignete Lösungen vorschlagen zu können. Der Verkäufer muss hierbei in der Lage sein, die neuen Herausforderungen selbst gesteuert zu meistern.

Um gute konzeptionelle Arbeit leisten zu können, benötigt er faktische und nonfaktische Informationen über den Kunden und über dessen Organisation. Nur wer gute Konzepte hat, kann auch gut überzeugen. So entwickeln sich Verkaufsverläufe zu dreistufigen Prozessen, bestehend aus Information, Konzeption und Überzeugung.

Sicher war das schon immer so, nur lag in der Vergangenheit der Fokus immer auf dem Überzeugungsprozess. Verkaufstrainings wurden hauptsächlich entlang von Verkaufsstufen durchgeführt, die sich im Wesentlichen darauf konzentrierten, den Kunden zu überzeugen. Dass die vorgelagerten Stufen Information und Konzeption für den Verkaufsprozess wichtiger geworden sind, ist von vielen Entscheidern und Trainern noch nicht erkannt worden.

Die heute durchgeführten Verkaufstrainings gehen weder auf die Forderung ein, Information und Konzeption konform zur Unternehmensstrategie zu entwickeln, noch auf die Forderung nach zukunftsorientierter Gestaltung und der Entwicklung von Kompetenzen. Für die Zukunft haben jedoch sowohl die didaktische Gestaltung als auch die Ausrichtung an der Unternehmensstrategie eine große Bedeutung.

Trainingsprogramme für Verkäufer sind im Laufe der letzten Jahre nicht besser geworden: erstens, weil die Inhalte noch dieselben wie in den 1970er-Jahre sind und sie sich auf die Veränderungen der Märkte, Kunden und Mitbewerber nicht eingestellt haben; zweitens, weil die Maßnahmen in den letzten Jahren immer

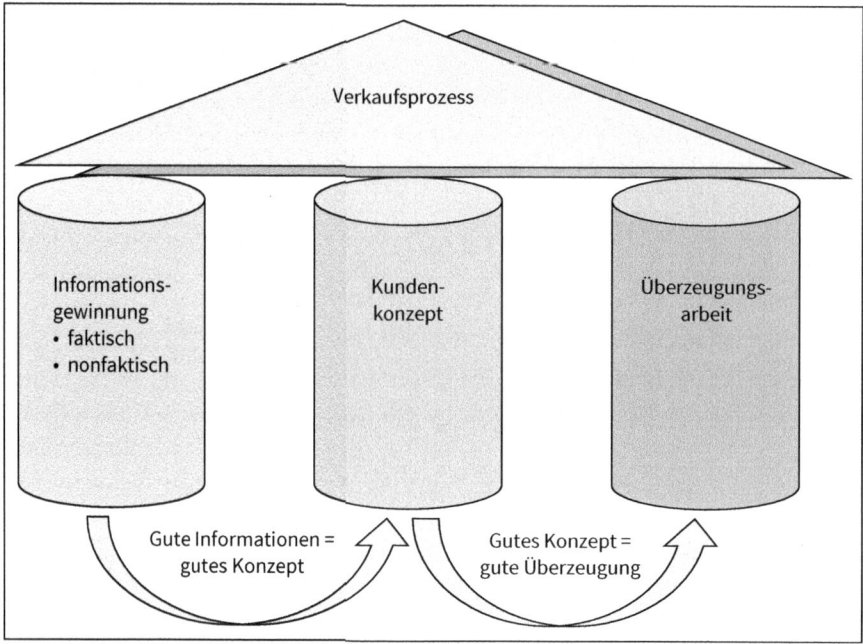

Abb. 2: Verkaufsprozess

kürzer geworden sind und weil die Erkenntnisse der Bildungswissenschaft nicht in die Trainingsprogramme übernommen wurden. Noch immer sind Verkaufstrainings reichlich behavioristisch und kognitivistisch ausgestaltet, obwohl die seit 1995 existierenden konstruktivistischen Ansätze überzeugende Erkenntnisse geliefert haben, die nicht nur nachgewiesen sind, sondern die auch die Wirksamkeit behavioristischer und kognitivistischer Ansätze infrage stellen. So konnte eindeutig nachgewiesen werden, dass nur kompetenzentwickelnde Trainings zu einer akzeptablen Nachhaltigkeit führen können.

Offensichtlich finden jedoch diese Erkenntnisse bei vielen Trainern noch zu wenig Beachtung. Da viele Führungskräfte, die letztlich darüber entscheiden, ob ein Training durchgeführt wird, kaum über pädagogische Fachkompetenz verfügen, wird auch kein konstruktivistisches kompetenzentwickelndes Training nachgefragt. Mit anderen Worten, Kompetenztrainings für Verkäufer werden zu wenig nachgefragt und folglich auch zu wenig angeboten. Die Gründe dafür sind, so paradox es klingen mag, fehlende Kompetenzen aufseiten der Beteiligten und der Entscheider.

BEISPIEL

Zu Beginn meiner Vertriebsleitertätigkeit war eine Trainingsmaßnahme für den Verkaufsaußendienst geplant. Die Verhandlungen mit externen Trainern sollten von mir geführt werden. Also sprach ich mit mehreren Verkaufstrainern. Der Erste, der kam, fragte mich, welche Elemente das Verkaufstraining enthalten solle – eine Frage, die ich zunächst nicht sinnvoll beantworten konnte. Also stellte ich diese Frage zurück und teilte mit, dass ich das schriftlich nachreichen würde. Die anderen Trainer, mit denen ich Gespräche führte, stellten diese Frage nicht, sondern gingen auf meine Anfrage ein und unterbreiteten schnell einen entsprechenden Vorschlag. Nach der unternehmerischen Zielsetzung unseres Unternehmens fragte seinerzeit keiner der Trainer.

Seit einigen Jahren nimmt allerdings die Ansicht, »Verkaufstrainings bringen nichts«, seitens der verantwortlichen Führungskräfte deutlich zu und tatsächlich überzeugen die Wirkung bzw. der Outcome immer weniger. Deshalb werden die Budgets für Trainingsmaßnahmen im Verkauf zwar nicht gestrichen, aber doch klein gehalten. Und damit tritt eine weitere Verschlechterung des Outcomes ein. Es wäre also dringend an der Zeit zu verstehen, dass Verkaufstrainings den agilen und digitalen Wandel im Markt ebenfalls abbilden müssten, um deutlich nachhaltigere und bessere Ergebnisse hervorzubringen. Genau genommen müsste diese Anregung von den Trainern selbst kommen, die ja alle laut ihrer eigenen Werbung äußerst kompetent und effizient sind. Doch leider trifft das alte Sprichwort zu: »Die Schuster haben die schlechtesten Schuhe«. Wenn seitens der Trainer seit 25 Jahren keine Impulse für die Ausrichtung moderner, konstruktivistisch geprägter Verkaufstrainings kommen, wird es für die Vertreter der Unternehmen Zeit, das Thema selbst in die Hand zu nehmen und sich durch moderne Verkäuferentwicklung einen entscheidenden Wettbewerbsvorteil zu sichern.

Abbildung 3 zeigt, dass Kompetenzlernen outcomeorientiertes Lernen ist, weil Wissen im pädagogischen Sinne nicht gleichbedeutend mit Kompetenzen ist. Kompetenzen kann man nicht wie Faktenwissen vermitteln. Kompetenzen sind vielmehr die Fähigkeiten, in der Zukunft liegende neue Herausforderungen kreativ und selbst gesteuert zu meistern. So definiert John Erpenbeck (Erpenbeck/ Sauter, 2016), Professor an der Steinbeis Universität, den Begriff Kompetenzen. Diese können nur durch gezieltes handlungsbezogenes und weitgehend selbst gesteuertes Lernen, im konstruktivistischen Sinne, entstehen und wachsen. Das kann nicht in einer einzigen Weiterbildungsveranstaltung geschehen, es bedarf neuer, langfristig angelegter Mitarbeiterentwicklungskonzepte, die darauf ausgelegt sind, dass nicht die Vermittlung von Wissen, sondern die Entwicklung von Kompetenzen im Fokus stehen. Die derzeitigen praktizierten Formen der Verkäuferentwicklung eignen sich dagegen zum größten Teil nicht für die Entwicklung

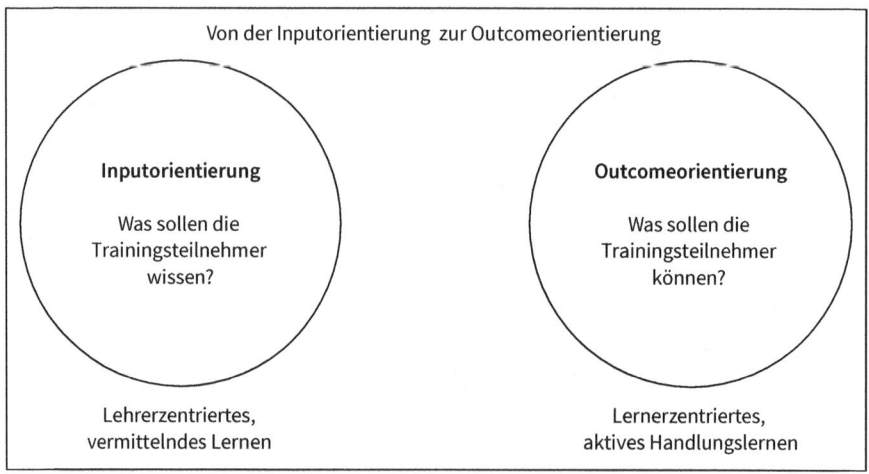

Von der Inputorientierung zur Outcomeorientierung

Inputorientierung

Was sollen die
Trainingsteilnehmer
wissen?

Lehrerzentriertes,
vermittelndes Lernen

Outcomeorientierung

Was sollen die
Trainingsteilnehmer
können?

Lernerzentriertes,
aktives Handlungslernen

Abb. 3: Kompetenzlernen ist outcomeorientiertes Lernen

von Kompetenzen. Viele Verkaufstrainings, die eigentlich solche Entwicklungsprozesse in Gang setzen sollen, stehen diesen manchmal sogar entgegen, sind
also eher kontraproduktiv. Dafür gibt es eine Reihe von Gründen:

1. Die vorrangig noch immer in Form von Präsenzseminaren durchgeführten
   Verkaufstrainings sind punktuelle Kurzzeitveranstaltungen, die Verkaufsgesprächsführung in den Vordergrund stellen. Dabei werden die Inhalte meist
   durch die vom Trainer entwickelten Techniken bestimmt, die die Teilnehmer
   bitteschön übernehmen sollen. Man muss sich das mal auf der Zunge zerge-
   hen lassen: Es steht nicht zur Debatte, ob der einzelne Teilnehmer die Vorgaben des Trainers mit seinen bisherigen Erfahrungen vereinbaren kann. Es wird
   einfach nur erwartet, dass die Teilnehmer einheitlich das Vorgehen genauso
   umsetzen, wie der Trainer es vorgibt. Diese Vorgehensweise wurde von dem
   brasilianischen Pädagogen Pauolo Freire (2009) als »Kübeltechnik der Pädagogik« beschrieben. Der Trainer kommt mit einem vollen Wissenskubel und
   jeder Teilnehmer soll das herausnehmen, was im Kübel vorhanden ist.
   Die Praxis zeigt zwar, dass das noch nie gut funktioniert hat, es wird allerdings
   immer noch täglich hundertfach praktiziert. Die Frage lautet deshalb, warum
   das so ist. Vermutlich hängt es damit zusammen, dass wir Lernen durch die
   Erfahrungen in unserer Schulzeit gar nicht anders gewöhnt sind, obwohl es
   zunehmend Kritik an dieser Form des Lernens in Schulen gibt.
2. Der zweite Grund liegt in der Lernkultur der Unternehmen selbst: Hier sind
   meist keine Konzepte für kompetenzenerwerbendes Lernen vorhanden. So
   schreibt der Dortmunder Professor für Personalentwicklung, Jens Rowold

(2011, S. 31): »Die meisten Unternehmen wissen gar nicht, was gute und was schlechte Weiterbildungen sind.« Das sind harte Worte, die jedoch immer wieder in Gesprächen mit verantwortlichen Unternehmensvertretern bestätigt werden. In den meisten Unternehmen werden den Fachbereichen fertige Trainingsprodukte angeboten, bei denen es sich um Weiterbildung von der Stange handelt. Die Personalentwicklung recherchiert Trainingsangebote und erstellt einen Katalog, aus dem Fachbereiche Trainings für bestimmte Mitarbeiter auswählen können. Diese Angebote sind allerdings in strategischer und konzeptioneller Richtung selten auf dem neuesten Stand, sondern basieren in erster Linie auf Wissensvermittlung statt auf Kompetenzentwicklungen. Außerdem haben diese Angebote kaum einen Bezug zu der unternehmensstrategischen Ausrichtung oder der praktischen Arbeit der Teilnehmer.

Kompetenzentwicklung kann nur dann stattfinden und forciert werden, wenn Lernarchitekturen im Unternehmen geschaffen werden, die bisherige wissensvermittelnde Weiterbildungssysteme in Form von Katalogbetrieb etc. ablösen. Das wird seit einigen Jahren vor allem in größeren Unternehmen erkannt und soll durch die Implementierung sogenannter HR Business-Partner gelöst werden. HR Business-Partner sind für die Personal- und Führungskräftebetreuung verantwortlich, sie sollen die Führungskräfte durch Coaching unterstützen und hinsichtlich der Mitarbeiterentwicklung beraten.

Dass an klassischer Weiterbildung festgehalten wird, liegt u. a. auch daran, dass die im Markt aktiven Verkaufstrainer in aller Regel nach alter Tradition und Sitte ausgebildet sind, die davon ausgeht, dass ihre Lehre und ihr Vordenkertraining zum Erfolg führen kann. Sie glauben noch immer fest daran, dass Wissen von ihrem Kopf in einen anderen Kopf verpflanzt werden kann.

Ein häufiges Argument von Trainern ist, dass Kompetenzentwicklung ja eigentlich nichts anderes als Verhaltenstraining sei, das letztlich zu einer Verhaltensänderung führen soll. Diese Argumentation ist allerdings nicht richtig. Verhaltenstraining, so wie es im Verkauf nach wie vor verstanden wird, soll dem Teilnehmer ein Verhalten beibringen, das vom Trainer als gut und richtig angesehen wird, das aber in der Praxis nicht gut und richtig sein muss. Dahinter steht die Annahme, man könnte Teilnehmern ein bestimmtes Verhalten antrainieren, ohne dass diese ihre innere Haltung und Einstellung verändern.

Viele Verhaltenstrainer vertreten denn auch immer noch den behavioristischen Ansatz, nach dem der Erfolg eines Trainings sich an einer Verhaltensänderung festmache und nur an der festgestellten Verhaltensveränderung zu messen sei. Was im Kopf des Teilnehmers vor sich geht, hat Behavioristen nie interessiert. Ihr Credo ist: Ein bestimmter Input kann zu einem guten Outcome in Form von Verhaltensänderung führen. Kompetenzentwickler dagegen sind Konstruktivisten. Ihrer Ansicht nach hat der Mensch ein autopoietisches, also ein sich selbst erschaffendes und erhaltendes System entwickelt, in dem Deutungsmuster, Emotionsmuster und Handlungsmuster entstanden und festgeschrieben sind. Diese führen zu bestimmten Werten, Einstellungen und inneren Handlungen. Kompetenzentwickler gehen davon aus, dass jeder Mensch seine eigenen Deutungsmuster benötigt, um sich in seiner Welt zurechtzufinden und um in ihr zufrieden leben zu können. Folglich konstruieren Menschen ihr Wissen nach ihrer eigenen Philosophie selbst und bekommen es nicht »eingetrichtert«. Obwohl die behavioristische Lerntheorie in der Wissenschaft weitgehend als überholt gilt – die Uni Würzburg nennt Sie auf ihrer Homepage »Black-Box-Learning« –, hält sie sich erstaunlicherweise nach wie vor hartnäckig in den Köpfen vieler Trainer bis zum heutigen Tag.

So sind immer noch Verhaltensänderungen die Zielsetzung von Verkaufstrainings, die dadurch erreicht werden sollen, dass ein Trainer seine als positiv bewerteten Verhaltensmuster möglichst vielen Verkaufsmitarbeitern vermittelt, ohne Kenntnis dessen, was in den Köpfen der Teilnehmer vor sich geht.

Wenn es um Trainings zur Kompetenzentwicklung geht, bewegen sich viele Trainer bei Akquisegesprächen oft noch in unsicheren Gewässern. Die Thematik ist ihnen oft nicht geläufig oder sie wissen schlicht nicht, worauf es bei guten kompetenzentwickelnden Trainings überhaupt ankommt. Woher auch? Das Curriculum der Trainerausbildung »Train the Trainer«, das von dem Deutschen Indus-

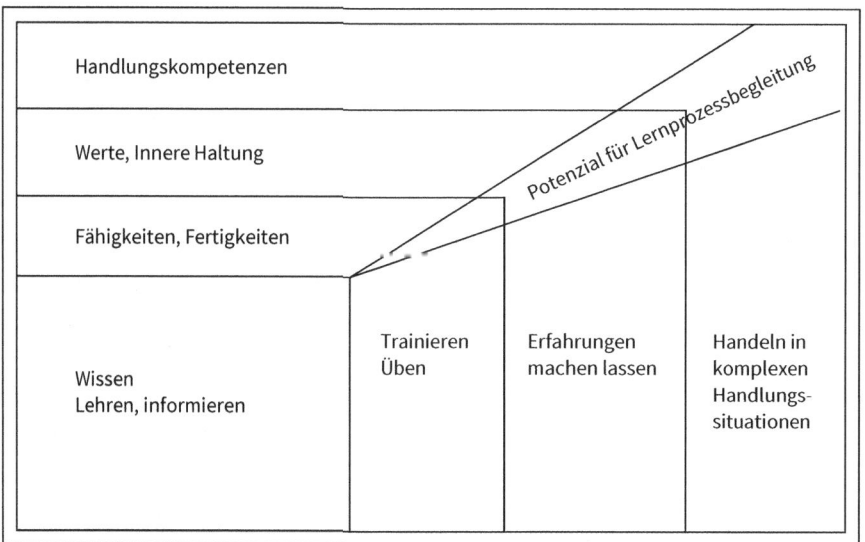

Abb. 4: Kompetenzlernen (in Anlehnung an ein Lernskript der GAB München)

trie- und Handelskammertag (DIHK), der Dachorganisation aller Industrie- und Handelskammern (IHK), 1888 entwickelt wurde, ist seitdem niemals verändert oder angepasst worden und ist in Deutschland Grundlage für die meisten aktuellen Trainerausbildungen. Von den in Abbildung 4 dargestellten Aspekten des Kompetenzlernens beschäftigen sich solche Train-the-Trainer-Ausbildungen nur mit den Stufen Wissen und Fähigkeiten, Fertigkeiten.

Da der moderne konstruktivistische Ansatz, in dem Kompetenzentwicklung im Vordergrund steht, erst Mitte der 1990er-Jahre entwickelt wurde, enthält das Curriculum »Train the Trainer« bis heute keine konstruktivistischen Aspekte.

Ähnlich sieht es mit den Trainerausbildungsprogrammen einiger Verbände aus. Es soll hier nicht verschwiegen werden, dass es natürlich auch sehr gute, moderne und konstruktivistisch geprägte Trainerausbildungen gibt, die aber berechtigterweise teurer und von längerer Dauer sind. Doch gerade das mit der längeren Dauer ist anscheinend nicht so beliebt. Tatsächlich verbuchen drei- bis fünftägige Trainerausbildungen die höchsten Teilnehmerzahlen, obwohl die Angebote oft im Verhältnis von Inhalt und Preis teurer sind als solche, die die doppelte Ausbildungszeit haben. Die Schwierigkeit bei der Auswahl geeigneter Maßnahmen liegt darin, dass ein Verkaufsmitarbeiter als Interessent einer Trainerausbildung kaum in der Lage sein dürfte, aufgrund vorliegender Angebote unterscheiden zu können, was zeitgemäß und was inzwischen überholt ist. Oft sind es aber gerade ehemalige Verkaufsmitarbeiter, die des Öfteren selbst an Verkaufstrainings teilgenommen haben und nun beschließen, eine Trainerausbildung zu absolvieren. In einer fünftägigen Ausbildung wird dann all das wiederholt, was sie auch vorher schon bei den Verkaufstrainern erlebt hatten. Da sie gar nichts anderes kennen, halten sie dieses Vorgehen für richtig und ahnen nicht, dass sie für die 3.000 bis 4.500 Euro nicht eine Trainerausbildung für die Zukunft, sondern eine »Weiterbildung« aus der Vergangenheit und für die Vergangenheit erhalten.

Kompetenzentwicklung bedeutet, wie bereits oben dargelegt, Menschen zu der Fähigkeit zu verhelfen, in der richtigen Situation das Richtige zu tun. Kompetenzen entwickeln sich mit dem Tun in der Praxis, deshalb erwerben Menschen etwa 70–80 % ihrer Kompetenzen durch das Tun in der Praxis. Wir sprechen in diesem Falle von Erfahrungslernen. Ein Rückschluss daraus könnte nun sein, dass dann ja überhaupt kein Training notwendig ist, weil die tägliche Praxis das beste Training überhaupt darstellt. Um deutlich zu machen, dass letztlich nur ein Zusammenspiel aus Theorie und Erfahrungslernen zu guten Ergebnissen führen kann, hat Dr. Frank Stöpel auf seiner Homepage folgenden Satz eingestellt: »Gerne kümmere ich mich um Ihre Zahnschmerzen. Ich hatte selber jahrelang welche und konnte mir gut helfen. Deswegen kann ich auch Ihnen helfen! – Überzeugt Sie das oder würden Sie doch lieber zu einem Experten gehen?«

Gemachte Erfahrungen führen zu Kompetenzen, das ist unbestritten, allerdings kommen alle gemachten Erfahrungen aus der Vergangenheit und sind nicht immer für die Zukunft zu gebrauchen, nicht zuletzt, weil sich diese immer schneller verändert. Kompetenzen sind deshalb, wie es John Erpenbeck (Erpenbeck/ Sauter, 2016) beschreibt, die Fähigkeiten, neue in der Zukunft liegende Herausforderungen selbst gesteuert zu meistern. Wichtig ist deshalb, die in der Vergangenheit gesammelten Erfahrungen zu nutzen und diese gleichzeitig zukunftstauglich zu machen.

Um es bildhaft zu verdeutlichen: Ein Jäger nutzt nicht mehr Pfeil und Bogen, weil es nun Gewehre gibt. Es braucht für beide Geräte zwei Hände. Er muss also, um das Gewehr nutzen zu können, Pfeil und Bogen loslassen. In der Vertriebsweiterbildung werden heute allerdings immer noch oft Pfeil und Bogen genutzt. Das Gewehr ist zu fremd, man traut sich nicht so richtig ran. Das ist insofern nachteilig, als das »Wild«, an dem man Interesse hat, im übertragenen Sinn eine immer dickere Haut bekommt und gegen Pfeil und Bogen mehr und mehr unempfindlich wird. Um Erfolg zu haben, braucht es daher unbedingt neue Werkzeuge.

Es geht darum, die gemachten Erfahrungen und Kompetenzen aus der Vergangenheit, die in Zukunft keine Bedeutung mehr haben und nichts mehr bewirken, loszulassen und sich Neuem zuzuwenden, das erfolgsversprechender erscheint. Damit tun sich viele Mitarbeiter im Verkauf jedoch sehr schwer. Das Credo lautet: »Das haben wir immer so gemacht, damit hatten wir immer Erfolg, warum soll das heute nicht mehr gut sein?« Obwohl viele Führungskräfte im Vertrieb diese und ähnliche Sätze schon lange für überholt halten, denken und handeln sie im Bereich der Mitarbeiterentwicklung noch ganz ähnlich. Sie entscheiden sich nach wie vor für vermittelnde Vordenkertrainings und bleiben somit auf didaktisch hinkenden Pferden sitzen, obwohl sie damit kaum noch vorankommen. Kompetenzentwicklung bedarf vielmehr einer systematischen, auf die Zukunft ausgerichteten Mitarbeiterentwicklung, verstanden als kontinuierlicher Prozess und nicht als punktuell durchgeführte Maßnahme. Punktuelle Trainingsmaßnahmen, so wie sie heute noch in den meisten Fällen im Vertrieb durchgeführt werden, haben vor allem das Manko, dass das Erlernte, »Antrainierte« sehr schnell wieder vergessen wird. Dieses Problem erkannte Herrmann Ebbinghaus (2011) schon vor mehr als 100 Jahren und stellte in seinem 1885 erschienen Werk »Über das Gedächtnis« seine Vergessenskurve dar, die bis heute eine gewisse Anerkennung genießt, die aber seltsamerweise in der Weiterbildung kaum Beachtung findet.

Nach Ebbinghaus geht Erlerntes sehr schnell wieder verloren. Die Halbwertzeit für erworbene Lerninhalte beträgt im Schnitt nur 30 Minuten. Auch wenn die Kurve danach etwas abflacht, heißt das im Klartext, dass wir bereits nach 30 Minuten die Hälfte von vermitteltem Lernen wieder vergessen haben und nach einer Stunde nur noch etwa 25 % übrig sind. Nach punktuellen Trainings, die frei-

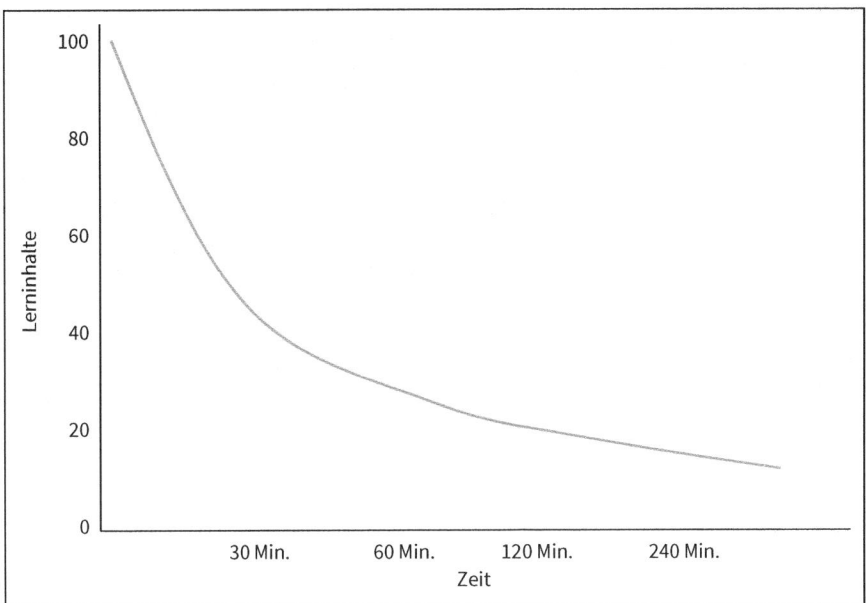

Abb. 5: Vergessenskurve nach Ebbinghaus

tags enden, sind also am folgenden Montag nur noch etwa 15 % des vermittelnden Wissens übriggeblieben, die restlichen 85 % sind bereits wieder vergessen.
Durch rechtzeitige Wiederholung kann allerdings erreicht werden, dass der Grad
des Wissens sich erhöht. Ein kontinuierlicher und wiederholender Lernprozess
trägt dazu bei, dass deutlich mehr des Erlernten behalten wird. Die Vergessenskurve von Ebbinghaus macht also deutlich, dass punktuelle Trainings von ein bis
zwei Tagen, nach denen nichts mehr nachkommt, hoffnungslos zum »Verduns-
ten« verurteilt sind. Natürlich kann nicht alle zwei Tage ein Seminar wiederholt
werden, allerdings bietet heute E-Learning die Möglichkeit, Wissen weiter aufzu-
bereiten und zu vertiefen, sodass die Vergessensrate deutlich geringer ausfällt.

Die von Ebbinghaus beschriebene Vergessenskurve trifft allerdings nur auf
vermitteltes Lernen zu, dem keine Wissensverarbeitung folgt. Die heutigen Lern-
theorien gehen davon aus, dass das menschliche Kurzzeitgedächtnis Wissen etwa
20 Minuten lang vorrätig speichern kann und sich dieses danach schon wieder
verliert. Deshalb ist es günstig, Wissensvermittlungseinheiten nie länger als 20
Minuten zu gestalten und anschließend einen Wissensverarbeitungsprozess folgen zu lassen, der länger als 20 Minuten dauert.

Bei allen Formen der Kompetenzentwicklung außerhalb der Wissensvermittlung trifft die Theorie von Ebbinghaus nicht zu, hier sind in aller Regel handlungs-

aktive Wiederholungsformen wirksam, die auf den Erwerb von Können abzielen, weshalb das Vergessen von Wissen allein nicht mehr relevant ist.

Lernprozesse sollen also sicherstellen, dass von der Wissensvermittlung bis zum Können in der täglichen Arbeit das Lernen in optimierter Form begleitet wird, sodass in der Folge viel gekonnt und wenig vergessen wird.

Es gibt nichts Praktischeres als eine gute Theorie.

Kurt Lewin (1890-1947)

Ohne eine gute theoretische Wissensbasis wird Kompetenzentwicklung sicher ebenso wenig gelingen wie ohne praktisches Tun und das Umsetzen des Gelernten. Kompetenzentwicklung bedeutet deshalb richtige Wissensvermittlung plus richtiges Handlungslernen. Darüber hinaus geht Kompetenzentwicklung mit Werteveränderungen, Emotionen und innerer Haltung einher.

Wissensvermittlung	Wissensverarbeitung
Die Aneignung des Wissens, das für Problemlösungen benötigt wird (z. B. Methoden und Instrumente). Die Lernprozesse der Lernenden sind äußerst differenziert (Tempo, Methode etc.). Alle Lernwege, bei denen die Lernenden einen homogenen Prozess durchlaufen (Videos, klassische Seminare etc.), eignen sich deshalb kaum für effiziente Wissensvermittlung. **Günstige Lernformate:** • Synchrones, auch asynchrones E-Learning • Printmedien • Möglichst individualisiert und selbst organisiert	Erworbenes Wissen wird gesichert (z. B. durch Situationsaufgaben, Fallstudien, Planspiele). Mit der Wissensverarbeitung ist noch keine Kompetenzentwicklung erfolgt. Sie erweist sich jedoch als sehr wichtige Vorstufe. **Günstige Lernformate:** • Gruppenarbeiten, online oder im Seminar • Durchführung von Planspielen oder Fallstudien online oder im Seminar
Kompetenzentwicklung	**Wissenstransfer in die Praxis**
Kompetenzentwicklung erfordert reale Entscheidungssituationen in und aus der täglichen Praxis. Kompetenzentwicklung kann nur in Situationen erfolgen, die Wirklichkeit widerspiegeln. **Günstige Lernformate:** • Projektarbeiten • Erfahrungsaustausch in Gruppen • Arbeitsintegriertes Lernen (alle Formen)	In diesem Schritt der Kompetenzentwicklung lösen die Lerner Problemstellungen in realen Transferaufgaben und kleinen Praxisprojekten. Es besteht die Möglichkeit, dass Lerner Erfahrungswissen systematisch austauschen. **Günstige Lernformate:** • Synchrones E-Learning mit klarer Trennung zwischen Trainingsbereich, Wissensbereich und Workshops • Arbeitsintegriertes Lernen (z. B. Training near the Job)

Abb. 6: Schritte der Kompetenzentwicklung nach Erpenbeck und Sauter

Es bedarf in einem Unternehmen, das Kompetenzentwicklung statt Wissensvermittlung anstrebt, in den meisten Fällen einer Veränderung der Lernkultur. Zur Kompetenzentwicklung sind nach Erpenbeck und Sauter (2010) vier Schritte notwendig, auf die im Verlauf dieses Buches noch näher eingegangen werden soll.

Nun könnte der Eindruck entstanden sein, dass dieses Buch Wissensvermittlung generell anprangert und ablehnt – dem ist natürlich nicht so. Wie Abbildung 6 zeigt, benötigen wir im ersten Schritt der Kompetenzentwicklung auch Wissensvermittlung, die allerdings für sich allein genommen wenig nützlich ist. Wissensvermittlung sollte danach als erste Stufe eines Lernprozesses verstanden werden. Es muss allerdings sichergestellt werden, dass das vermittelte Wissen nicht zu einem hohen Prozentsatz innerhalb kurzer Zeit wieder vergessen wird.

Ob diese Wissensvermittlung in der heutigen Zeit in einem Seminar stattfinden muss oder ob dazu die Vielfältigkeit des medialen Lernens genutzt werden kann, ist eine Frage, die in dem folgenden Kapital Kompetenzentwicklung und E-Learning behandelt werden soll.

2 Kompetenzentwicklung und E-Learning

Kompetenzentwicklung im pädagogischen Sinne kann nur, wie Abbildung 6 zeigt, erfolgreich praktiziert werden, wenn sie in verschiedenen aufeinanderfolgenden Schritten durchgeführt wird. In einem erfolgreichen Kompetenzentwicklungsprozess führt deshalb kein Weg daran vorbei, mehrere Lernformate zum Einsatz zu bringen. Ohne den Einsatz von E-Learning-Methoden wäre ein solcher Prozess von der notwendigen Arbeitszeit und den Kosten her viel zu aufwendig und damit ineffizient. Soll betriebliche Bildungsarbeit künftig wirtschaftlich erfolgen, dann ist der erste Schritt in der Kompetenzentwicklungsgrafik (s. Abb. 6), also die Wissensvermittlung, in Form bisheriger Präsenzseminare viel zu teuer. Wo es nur darum geht, reine Fakten zu vermitteln, kann dies beispielsweise per Printmedien, per Video oder per Webinar erfolgen. Es gibt keinen vernünftigen und logischen Grund dafür, dass ein Verkaufstrainer per Powerpoint-Folie in einem Seminarraum Wissen vermittelt und dabei nach Vollkostenrechnung pro Tag und Teilnehmer Kosten in Höhe zwischen 1800 und 3000 Euro verursacht. Es handelt sich dabei um nichts anderes als um Verschwendung der Ressourcen Zeit und Geld, weil die reine Wissensvermittlung durch Lehrmedien (E-Learning) viel effizienter erfolgen kann. Die Grundvoraussetzung dafür ist jedoch, dass die Lernenden über entsprechende Selbstlern- und Medienkompetenzen verfügen, deren Weiterentwicklung zu einer der wichtigsten Aufgaben in der Weiterbildung des 21. Jahrhunderts gehört.

E-Learning kann in synchronen oder in asynchronen Formen erfolgen. Die synchronen Formen haben auf der einen Seite einen Tutor, Trainer oder Dozenten, der die Sitzung leitet und begleitet. Die asynchrone Form stellen die Teilnehmer dar, die mit dem Lehrenden in Verbindung stehen.

Die asynchronen Formen haben den Vorteil, dass nicht zeitgleich auf der Lehrendenseite ein Dozent oder Trainer anwesend sein muss und die Lernenden auch nicht an bestimmte Zeiten gebunden sind. Sie können das E-Learning-Programm nutzen, wann sie möchten. Zur einfachen Wissensvermittlung oder zur Vermittlung von sogenanntem Faktenwissen reicht die einfache Form des asynchronen E-Learnings aus. Wenn Wissen aber auch Verständnis erfordert, der Lerner den Lerninhalt also verstanden haben bzw. begründen können muss, warum etwas so ist, dann muss auch die Lehrmethode umfassender sein.

Je nachdem, wie einfach oder schwierig es bei bestimmten Inhalten also ist, Verständnis und Begründungswissen zu erzeugen, kann entweder synchrones oder asynchrones E-Learning die bessere und ökonomischere Form sein. Auch ein Mix aus synchronem und asynchronem Lernen kann hier zu einem optimalen Lernerfolg führen.

Beim zweiten Schritt, der Wissensverarbeitung oder auch Aneignungsdidaktik, geht es darum, Erlerntes zu üben und zu trainieren, um es letztlich zu können. Hier bietet sich im modernen Kompetenzentwicklungsprozess an, Situationsaufgaben, Fallstudien, Planspiele und Gruppenarbeiten zu verwenden. Hierzu ist das asynchrone E-Learning völlig ungeeignet, weil sich damit die Methoden der Aneignungsdidaktik nicht anwenden lassen.

Genauso wie Wissensvermittlung nicht zur Entwicklung von Kompetenzen beitragen kann, kann mit asynchronem E-Learning keine Aneignungsdidaktik praktiziert werden, sondern nur Faktenwissen vermittelt und Verständnis erzeugt werden. Synchrones E-Learning in der Form von virtuellen Classrooms ist dagegen hervorragend geeignet, Bedingung dafür ist aber, dass die Programme die Schaltung der Teilnehmer in unabhängig voneinander agierende Kleingruppen zulassen und Medien zur Verfügung stellen (z. B. Whiteboard), auf denen Ergebnisse ausgearbeitet und dargestellt werden können.

Über die verschiedenen Möglichkeiten des E-Learnings machen sich bisher leider noch nicht viele Entscheider von Vertriebstrainings in Unternehmen Gedanken. E-Learning-Angebote werden oft alle über einen Kamm geschoren und deshalb meist auch nicht objektiv bewertet.

Die ersten, oft bedauerlicherweise auch negativen Erfahrungen, die nicht selten aufgrund von Anwendungsfehlern und falschen Erwartungen entstanden sind, prägen vielfach noch die Meinung der Entscheider und kosten somit das Unternehmen nicht nur viel Geld, sondern reduzieren auch die Chancen zur erfolgreichen Durchführung von Kompetenzentwicklungsprozessen.

Mit E-Learning-Methoden lassen sich die Stufen 1 und 2 auf den in Abbildung 6 dargestellten »Stufen der Kompetenzentwicklung« weitgehend durchführen. Allerdings reicht dafür ein rein asynchron ausgerichtetes Lernprogramm nicht aus. Die Stufe 2 »Wissensverarbeitung« erfordert synchrone Lernmedien in hoher Ausprägung wie z. B. virtuelle Classrooms.

Für die Stufen 3 »Wissenstransfer« und 4 »Kompetenzentwicklung« reicht E-Learning alleine allerdings nicht aus, es kann in diesen Phasen jedoch unterstützend eingesetzt werden. Im Verkaufstraining wäre als unterstützende Maßnahme z. B. das Face-to-Face-Rollenspiel zu nennen, das weiter unten (s. Kap. 21) noch genauer beschrieben wird.

Auch durch die Einrichtung von Corporate-Learning-Groups, die sich über Kollaborationsserver oder Live-Chats austauschen, kann die Entwicklung von Kom-

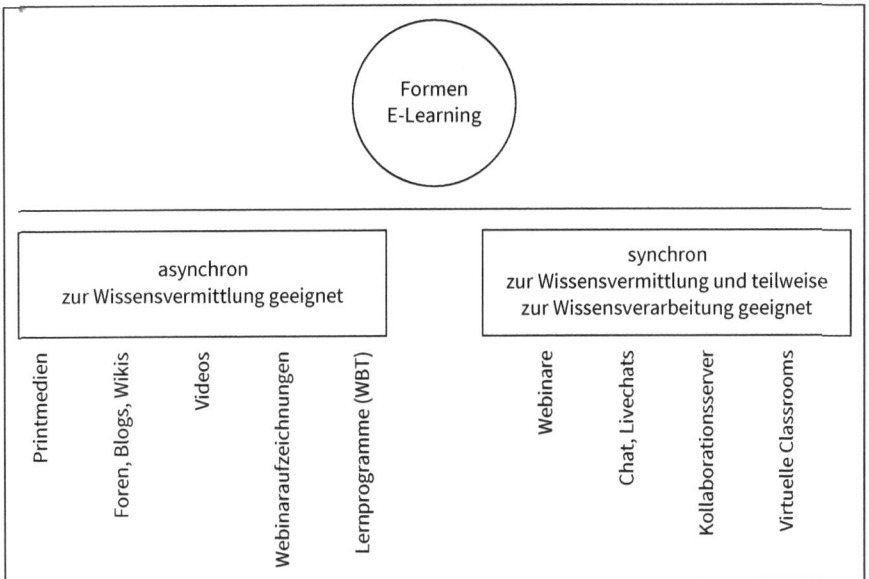

Abb. 7: Unterschiedliche Formen von E-Learning und deren Eignung

petenzen unterstützt werden. Durch den gezielten und wirkungsvollen Einsatz von E-Learning in all seinen Formen und in allen Lernphasen lassen sich die Kosten von kompetenzbildenden Weiterbildungsmaßnahmen bis zu 60 % reduzieren.

Viel zu oft versuchen Trainingsentscheider im Vertrieb leider immer noch, E-Learning-Lösungen zu vermeiden. Sie sind der Ansicht, dass gerade im Verkauf E-Learning-Methoden keine ideale Lösung darstellen, weil es ja um Verhaltensänderungen gehe, was nur in sogenannten Live-Seminaren erreicht werden könne.

In diesen Live-Seminaren wird dann aber paradoxerweise hauptsächlich Faktenwissen vermittelt. In der neuen konstruktivistischen Welt es Lernens steht die Entwicklung von Kompetenzen im Vordergrund und nicht mehr die Verhaltensänderung, wie sie in der behavioristischen Lerntheorie angestrebt wird.

Die Begleitung durch einen Trainer im Arbeitsfeld kann deshalb durchaus als arbeitsintegriertes Training bezeichnet werden und einen wertvollen Beitrag zur Umsetzung des Gelernten in die Praxis, sprich in das Arbeitsfeld, leisten. Um den Verkaufsmitarbeiter im Vorfeld der Begleitbesuche sicherer zu machen, können Face-to-Face-Rollenspiele über einen Kollaborationsserver vorgeschaltet werden.

Nachhaltige Kompetenzentwicklung erfordert also immer die Umsetzung des Erlernten in das individuelle Arbeitsfeld. Die Umsetzung kann im Verkauf durch Begleitbesuche, durch »Training near the job«, wie beispielsweise das LOOP-Verkaufstraining, das im zweiten Teil dieses Buches beschrieben wird, oder durch die

Erstellung einer Projektarbeit durch den Teilnehmer unterstützt werden. Wenn der Teilnehmer Erlerntes im Arbeitsfeld umsetzen kann, handelt es sich zunächst aber vor allem um eine gelungene Qualifizierung, echte Kompetenzentwicklung geht darüber hinaus aber auch mit der Veränderung von Werten und Emotionen einher.

Wenn sich beispielsweise ein Prozess zur Neukundengewinnung als sehr vorteilhaft erweist und zu einer besseren Abschlussquote führt, so kann es sein, dass ein Verkäufer diesen Prozess zwar gut beherrscht, aber aufgrund seiner persönlichen Einstellungen und Werte Bedenken bei dieser Vorgehensweise hat und sie deshalb vermeidet. Hier kann der permanente Erfahrungsaustausch mit Kollegen eine große Hilfe sein und die innere Haltung sehr schnell verändern. Der selbst gesteuerte Erfahrungsaustausch bzw. das Erfahrungslernen sind kompetenzbildend und sollten daher seitens der Weiterbildungsverantwortlichen forciert werden, indem es zwar initiiert, aber nicht dauerhaft gesteuert wird. Es muss letztlich ein Selbststeuerungsprozess der Teilnehmenden sein.

Unternehmen, die frühzeitig von der leider im Verkaufstraining immer noch vorherrschenden Wissensvermittlung abrücken und Konzepte zur Kompetenzentwicklung im Vertriebsbereich installieren, entwickeln einen Wettbewerbsvorteil, weil in dem sich immer schneller drehenden Markt- und Wettbewerbsgeschehen immer stärker Kompetenzen statt Qualifikationen gefragt sind. In diesem Prozess sind ganz besonders die Führungskräfte gefragt, die einhergehend mit einer veränderten Weiterentwicklungspolitik auch die Führung selbst überdenken und anders gestalten müssen.

3 Warum arbeitsintegriertes Training bei der Kompetenzentwicklung wichtig ist

Kompetenzbildendes Lernen erfordert deutlich mehr Lernaufwand als wissensvermittelnde Trainings. Es geht darum, neues Wissen nachhaltig umzusetzen. Deshalb bedarf es eines Konzepts dafür, wie die Maßnahme in das Arbeitsgeschehen der Teilnehmer integriert werden kann, weil Umsetzung fern vom Arbeitsfeld nur schwer möglich ist und keine Kompetenzen entwickelt, die im Arbeitsfeld von hoher Bedeutung sind. Alle Elemente kompetenzbildender Trainings in klassischen Tagungsräumen durchzuführen, ist daher gar nicht möglich und der Arbeits- und Zeitaufwand für das Wenige, das man dadurch erreicht, wäre kaum gerechtfertigt.

Betrachten wir deshalb noch einmal die vier Stufen eines kompetenzbildenden Trainingsansatzes (vgl. Abb. 6). In der ersten Stufe (Wissensvermittlung) geht es darum, Fakten und Begründungen für Sachverhalte zu liefern, um diese dann in der Stufe 2 (Wissensverarbeitung) anwenden zu können. Fakten- und Begründungswissen kann in Selbstlernphasen erworben werden, für die unter vielfältigen Möglichkeiten, wie Printmaterialien, Web Based Trainings (WBT), Webinaren etc. ausgewählt werden kann. Die Selbstlernphase kann aus zeitlich gestreckten Lernnuggets oder aus komprimierten Veranstaltungen über das Netz erfolgen (z. B. Webinare). Es bietet sich an, in diesem Teil der Maßnahme den inhaltlichen Schwerpunkt auf Verkaufstechniken und Verkaufsmethodik zu legen (z. B. den Einsatz von Argumentationstechniken).

Die zweite Stufe (Wissensverarbeitung) besteht zusätzlich aus teilnehmeraktiven Elementen (Activ-Learning). Es bieten sich die Möglichkeiten, praxisnahe Fallbeispiele und Situationsaufgaben von den Teilnehmern in Kleingruppen lösen zu lassen. Die Ergebnisse der Gruppen werden dann im Anschluss im Plenum diskutiert. In firmeninternen Veranstaltungen bietet es sich an, konkrete Praxisfälle in Kleingruppen lösen zu lassen. Von einigen Teilnehmern (Fallgeber) werden konkrete Praxisfälle eingebracht, die anderen Teilnehmer der Kleingruppe entwickeln Lösungen. Die vorgeschlagenen Lösungen werden dann im Plenum diskutiert. In Gesprächsübungen versuchen die Fallgeber daraufhin die vorgeschlagenen Lösungen in Form von Rollenspielen umzusetzen. Diese Rollenspiele können aus ökonomischer Sicht auch in Form von Online-Rollenspielen erfolgen. Das bedeutet, die Fallgeber vereinbaren mit dem Trainer einen Online-Termin und führen dann das Verkaufsgespräch. Hierzu ist eine Webcam dringend erforderlich, um eine starke Reduktion von Kommunikationskanälen zu vermeiden.

Danach erfolgt die Stufe 3 (Transfer in die Praxis). Die Fallgeber setzen die in den Kleingruppen vereinbarten Lösungskonzepte im realen Kundentermin um und informieren die anderen Teilnehmer und den Trainer über das Ergebnis des Kundengespräches. Die Information und der Austausch über die geführten Kundengespräche können in Stufe 4 (Corporate Learning) erfolgen. In den installierten Lerncommunitys tauschen sich die Teilnehmergruppen über die durchgeführten Verkaufsgespräche der Fallgeber aus. Das geschieht sowohl im Erfolgsfall als auch im Misserfolgsfall. Im Falle des Misserfolges wird gemeinsam darüber nachgedacht, was es in der konkreten Situation zu tun gibt. Im Erfolgsfall wird darüber debattiert, wie sich der Erfolg auch auf andere Praxisfälle ausdehnen lässt. Dieser Lernprozess sollte als ständig wiederkehrende Maßnahme installiert und die in Lerncommunitys organisierten Selbstlerngruppen sollten weiter bestehen bleiben. In diesem Beispiel wird zur Gestaltung von Weiterbildungsmaßnahmen für Verkaufsmitarbeiter schon in der Stufe 2 (Learning near the job) auf die Phasen 3 und 4 (arbeitsintegriertes Lernen) vorbereitet. Das macht diese Form des Trainings besonders attraktiv und effizient. Davon abgesehen, dass die Weiterbildungsarbeit wirklich in allen Fällen und zielgerichtet in die Praxis umgesetzt wird, besteht auch eine hohe Transparenz bezüglich des Trainingserfolges. Es kann sehr leicht festgestellt werden, in wie viel Prozent der Fälle die Umsetzung erfolgreich war. Es lassen sich daneben auch sehr einfach Rentabilitätsrechnungen anstellen, die dem Wunsch des Top-Managements nach Bildungscontrolling entgegenkommen.

In der Vertriebspraxis werden zur Sicherung des Transfers (in Abb. 6 rechts unten) Lernbegleitungsphasen angeboten, in denen der oder die Trainer die Seminarteilnehmer in der Praxis begleiten und vor Ort den Umsetzungsprozess unterstützen. Diese Maßnahmen sollen in erster Linie dem Transfer des Erlernten in die Praxis dienen. In nicht allen Fällen tragen sie aber zur Kompetenzentwicklung bei. Wenn ein Trainer zu sehr darauf besteht, dass das im Seminar von ihm vermittelte Vorgehen genau so in der Praxis umgesetzt werden soll, ist das im Sinne der Kompetenzentwicklung kontraproduktiv, weil der Seminarteilnehmer dadurch gar nicht die Möglichkeit hat, seine eigenen Lösungsmöglichkeiten zu entwickeln und einzubringen. Kompetenzen kann er aber nur entwickeln, wenn von ihm Selbstgedachtes einfließt und anschließend mit dem Trainer besprochen wird.

Der Lernende muss für eine nachhaltige Kompetenzentwicklung die Möglichkeit erhalten, sein Wissen selbst zu konstruieren. Die Begleitung durch einen Trainer im Arbeitsfeld kann immer als arbeitsintegriertes Training bezeichnet werden.

Aber nicht immer ist es wie oben dargestellt im Sinne der Kompetenzentwicklung und im Sinne des Praxistransfers sinnvoll.

Überlegen Sie einmal für sich, was passiert, wenn ein Trainer versuchen würde, den Verkäufer zu etwas zu veranlassen, wovon dieser ganz und gar nicht überzeugt ist, etwas, was er gar nicht will und was er völlig ablehnt. Wie viel Transfer wird in diesem Falle stattfinden, wenn der Trainer wieder weg ist?

Bei arbeitsintegriertem Training lernen die Teilnehmer absolut praxisnah. Es wird auf einfache Art und Weise möglich, neues Wissen und neue Methoden in das Arbeitsfeld einzubringen und somit die Kompetenzentwicklung schnell voranzutreiben und die Problemlösefähigkeit zu verbessern. Arbeitsintegriertes Training hat den entscheidenden Vorteil, dass die Transferstrecke in die Praxis sehr kurz ist. Als Regel kann gelten, je kürzer die Transferstrecke in die Praxis, umso höher der Umsetzungsgrad – vorausgesetzt, die innere Haltung des Verkaufsmitarbeiters als Umsetzer ist entsprechend. Diese Form des Mitarbeitertrainings muss deshalb zu einem integralen Bestandteil der Lernkultur eines Unternehmens werden.

Viele größere Unternehmen haben inzwischen Lernwerkstätten oder Lerninseln für Auszubildende eingerichtet, um praxisnahes Lernen zu ermöglichen. Als bekanntestes Beispiel dafür gilt die Firma John Deere in Mannheim, die nach der Schließung der Gießerei Mitte der 1990er-Jahre freigesetzte Mitarbeiter für andere Tätigkeiten im Betrieb qualifizieren wollten und dazu in den betroffenen Werken Lerninseln einrichteten. Hier wurden unter fachlicher Betreuung Realaufträge gefertigt, in diesem Falle Traktorenbestellungen, die dann auch an die Kunden ausgeliefert wurden. John Deere berichtet von vielen positiven Effekten, die während der Arbeit mit Lerninseln entstanden sind, bei denen Kompetenzentwicklung im Vordergrund stand. Die Arbeit in der Lerngruppe führte nach Angaben von John Deere zu hoher Mitarbeiterzufriedenheit, zu höherem Selbstbewusstsein der Mitarbeiter und zu größerer Bereitschaft, Verantwortung zu übernehmen. Durch die Lerninseln entstand außerdem ein Anreiz für einen Teil der Mitarbeiter, sich zum Meister oder zum Techniker weiterzuentwickeln.

Im Vertrieb kann arbeitsintegriertes Lernen auch durch die Vergabe von Projektarbeiten oder die Teilnahme an Projektgruppen, durch Jobrotation, durch Mitgliedschaft in Task-Forces, durch Mitgliedschaft in Selling- oder Buyingcentern, durch Begleitbesuche bei Kunden durch Spezialisten oder durch viele andere Maßnahmen erfolgen. Wichtig ist es dabei, dass die Maßnahmen so gestaltet werden, dass Kompetenzentwicklung im Vordergrund steht und nicht Wissensvermittlung.

Wie schon erwähnt, wird besonders durch Begleitbesuche versucht, im Seminar vorgedachtes Wissen mit Unterstützung des Vordenkers in der Praxis umzusetzen. Das führt aber nur selten zur Kompetenzentwicklung, sondern in den meisten Fällen zu Frustration und sollte deshalb besser unterlassen werden.

Begleitbesuche können allerdings durchaus sinnvoll sein, wenn sich der Begleiter wie ein Lernbegleiter verhält, in die Gespräche beim Kunden nicht eingreift und im Nachhinein den Gesprächsverlauf mit dem Verkäufer debrieft oder analysiert. Denn arbeitsintegriertes Lernen dient der Kompetenzentwicklung ja nur dann, wenn der Lerner seine Fähigkeiten selbst konstruieren kann, wenn er statt einer Belehrungsdidaktik eine Ermöglichungsdidaktik erfährt.

Vermittlungsdidaktik und Belehrungsdidaktik sind also weder der Weg zum Erfolg noch zu nachhaltigem Lernen oder zur Kompetenzentwicklung. Auch hier können ebenso wie beim vermittelnden Lernen im Seminarraum die Lernleistung und der Lernerfolg gegen null gehen.

Die Lernkultur eines Unternehmens entwickelt sich in der Regel parallel zur Unternehmenskultur, sie ist meist in den Jahren seit Bestehen des Unternehmens entstanden und lässt sich nicht von heute auf morgen durch eine andere Kultur ersetzen. Doch gerade deshalb muss permanent an der Weiterentwicklung der Lernkultur in Unternehmen gearbeitet werden. Dabei ist eine nicht unerhebliche Frage, wer im Unternehmen dafür zuständig ist bzw. wer sich dafür zuständig fühlt. Angesichts der hohen Bedeutung, die der Mitarbeiterentwicklung in der heutigen Zeit für den Unternehmenserfolg zukommt, muss die Entwicklung der Lernkultur zur Chefsache erklärt werden.

Dafür muss zunächst einmal die Frage geklärt werden, auf welchem Level sich das Unternehmen zum aktuellen Zeitpunkt befindet. Auch spielt die Changekultur eine Rolle, die bestimmt, wie schnell Veränderungen im Unternehmen nachhaltig umgesetzt werden können. Wenn die Lernkultur so ausgerichtet ist, dass ein Katalog mit Seminarangeboten besteht, aus denen Mitarbeiter, Abteilungen etc. auswählen können, und es darüber hinaus nichts gibt, wird es schwierig, E-Learning und arbeitsintegriertes Lernen im Bereich der Mitarbeiterentwicklung einzubinden.

4 Warum Kompetenzentwicklung ein permanenter Prozess ist

Schauen wir uns doch zunächst einmal an, was im Bereich der betrieblichen Weiterbildung im Vertrieb passiert. Es gibt eine schier unüberschaubare Flut von Angeboten an offenen und firmeninternen Seminaren und Maßnahmen. Gemeinsam haben die Angebote, dass Sie in Weiterbildungstagen definiert sind: ein, zwei oder gar drei Tage lang werden Verkäufer in einem Seminarraum versammelt. Ein sogenannter starker Verkaufstrainer referiert darüber, wie Verkaufen zu praktizieren ist. Sein Tun orientiert sich an von ihm vorgedachten Wissensinhalten, über die er referiert und die er mit den Teilnehmern übt. Mit einiger Naivität gehen Trainer und Auftraggeber nun davon aus, dass Vorgetragenes und Eingeübtes entsprechend in die Praxis umgesetzt werden. Der Markt praktiziert das so seit mehr als 50 Jahren und die kritische Frage lautet: »Wo hat das bisher funktioniert?« Genau betrachtet eigentlich immer weniger, heute im 21. Jahrhundert bewirkt es einen derart lächerlichen Outcome, dass man die entstehenden Kosten besser einspart. Wenn ein Trainer ein offenes Seminar ausschreibt und z. B. 26 Inhaltspunkte benennt, die im Seminar behandelt werden, dann genügt das vielen Entscheidern schon, das Seminar zu buchen.

Eine derartige Herangehensweise sieht ein Verkaufstraining als ein Produkt oder eine einzelne Dienstleistung, die in einem bestimmten zeitlichen Rahmen durchgeführt und abgeschlossen werden kann. Moderne Weiterbildung, durch die sich idealerweise auch die Lernkultur im Unternehmen verändert, sollte jedoch als Prozess und nicht als Produkt oder Dienstleistung verstanden werden, sie ist ein permanentes Geschehen, das immer und in regelmäßigen Abständen stattfindet und Erlerntes neu aufbereitet, vertieft und neues Wissen und Können bildet. Damit ist nicht gemeint, dass permanent Seminare stattfinden sollten, sondern dass sich Weiterbildung als Prozess aus einem Mix verschiedener Lernformate versteht, in denen auch selbst gesteuertes Lernen, z. B. in Form von Corporate-Learning-Groups, stattfindet.

Wissen aufnehmen, immer wieder üben, trainieren in einem günstigen Kontext, regelmäßig Erfahrungen austauschen – das sind Elemente der neuen Lernprozesse, die in die Arbeit integriert sind und Arbeiten und Lernen in synergistischer Weise zusammenbringen.

Davon ist allerdings die betriebliche Lernpraxis noch weit entfernt. Trainingsentscheider möchten heute vornehmlich Lerninhalte einkaufen. Entscheider von Verkaufstrainings sind stark inhaltsfixiert und der Verkaufstrainer ist gut beraten, die Inhalte möglichst vielfältig, spannend und griffig darzustellen. Viele Verkaufstrainer behaupten ja in ihrer Werbung gar, dass sie im Seminar »die letzten Geheimnisse« des Vertriebs lüften. Um welche Geheimnisse es sich da handeln könnte, bleibt aber im Dunkeln. Lerncontent über Verkauf kann für wenig Geld tausendseitenweise beschafft werden und die Bücher, die sich mit Verkaufstechniken beschäftigen, lesen sich auch nicht so, als seien da große Geheimnisse gelüftet worden. Leider spielt die didaktische Qualität bei der Entscheidung für eine Maßnahme gegenüber den versprochenen Inhalten meist nur eine untergeordnete oder schlechtestenfalls gar keine Rolle. Schon die Stiftung Warentest hat 2013 Verkaufstrainings getestet und dieses Entscheidungsverhalten bemängelt. In der Berichterstattung wurde empfohlen, doch mehr auf die didaktische Ausrichtung eines Trainings zu achten.

Es geht also in der Weiterbildung von Verkäufern in erster Linie darum, die Weiterbildungsmaßnahme so zu gestalten, dass Lösungen für konkrete Problemstellungen aus der täglichen Praxis selbst entwickelt werden. Der Trainer nimmt dabei die Funktion des Lernbegleiters ein, der mit guter Methodik und guter Didaktik gute Lösungsansätze von den Teilnehmern entwickeln lässt.

Wenn dieses neue Verfahren des Lernens regelmäßig angewendet wird, führt das zu einer Entwicklung der Problemlösefähigkeit in der täglichen Praxis. Die Inhalte solcher Trainings werden denn auch nicht vom Trainer gemacht und ersonnen, sondern weitgehend durch die Teilnehmer selbst bestimmt. Erst jüngst fragte mich ein Verkaufsleiter: »Welche Inhalte hat denn ihr Training«. Meine Antwort: »Das für Sie konzipierte Training hat eine klare Zielsetzung und griffige Methoden, aber zunächst keine Inhalte, weil diese durch die Teilnehmer selbst vorgegeben werden.« An dieser Stelle merkte ich, dass er in dem Gespräch schon abgeschaltet hatte. Eine solche Art des Trainings war in seiner Gedankenwelt unvorstellbar, nicht nachvollziehbar und völlig daneben. Nach seiner Ansicht muss ein sogenannter »starker Verkaufstrainer« ans Werk, der den Mitarbeitern zeigt, wo es im Verkauf langgeht und wie Verkaufen besser geht. Verkaufstrainings, wie sie nach Ansicht dieses Verkaufsleiters durchgeführt werden sollten, zeigen allerdings immer weniger Erfolge und schon gar keine Erfolge, die den Aufwand rechtfertigen.

In jüngster Zeit machen Studien von sich Rede, in denen dargestellt wird, dass Schüler, aber auch Weiterbildungsteilnehmer in vermittelnden Trainings sofort in einen sogenannten »Sleep-Modus« verfallen, was bedeutet, dass ihre Aufmerksamkeit und Wissensverarbeitung in diesem Modus stark reduziert sind und Lernen nur sehr begrenzt stattfinden kann. Powerpoint-Folien unterstützen dabei den Sleep-Modus noch erheblich. Bei aktivem Lernen, bei dem es darum geht, dass Teilnehmer eigene Lösungsansätze entwickeln, tritt der Sleep-Modus dagegen nicht auf. Das Bildungsziel klassischer Verkaufstrainings ist es, vorbestimmte Inhalte an die Teilnehmer in der Hoffnung zu übertragen, dass diese das neue Wissen in ihrer Praxis anwenden. Die Frage ist, warum die Praxis diese Erkenntnisse nur sehr verzögert annimmt. Es liegt wahrscheinlich nicht an den Teilnehmern, das kann durch eine Befragung der BEST Bildungs-GmbH, die im Jahr 2016 durchgeführt wurde, nachgewiesen werden.

Genau das, was praktiziert wird, wollen die Teilnehmer an Verkaufstrainings nicht, wie Abbildung 8 deutlich zeigt. Teilnehmer an Verkaufstrainings wollen aktive und sehr praxisnahe Trainings. Deutlich weniger als 10 % der Befragten, und dabei handelt es sich ausschließlich um Teilnehmer aus der ersten Berufshälfte (25–45 Jahre), wünschen sich Trainings, bei denen der Trainer vorträgt und Übungen vorgibt.

Die Erhebung zeigt, dass es gerade für Verkaufsmitarbeiter der zweiten Berufshälfte schwerpunktmäßig darum geht, dass konkrete Problemstellungen aus der täglichen Praxis im Training bearbeitet werden.

Verkaufsmitarbeitern der ersten Berufshälfte ist es wichtiger, dass Lernen aktiv gestaltet ist und Lösungen selbst erarbeitet werden. Beide Vorstellungen, sowohl die der jüngeren als auch die der erfahreneren Seminarteilnehmer können

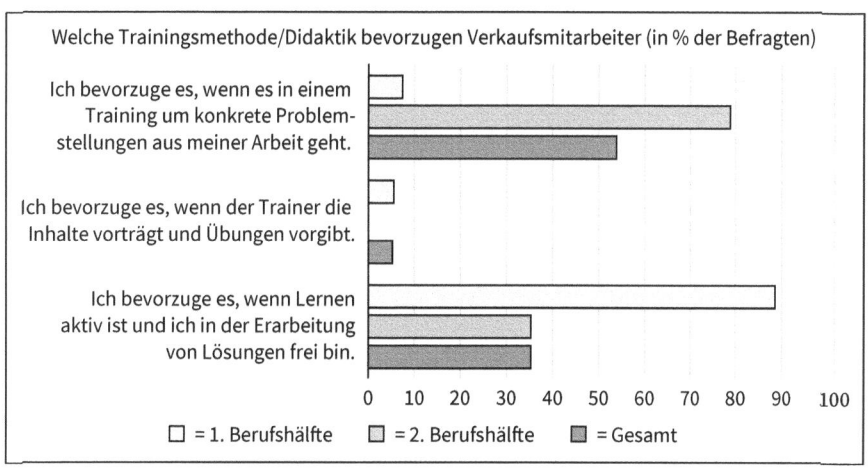

Quelle: BEST Bildungs-GmbH (2017)

Abb. 8: Bevorzugte Trainingsmethode von Verkaufsmitarbeitern unterteilt nach 1. und 2. Berufshälfte. n = 272 (aus einer Erhebung der BEST Bildungs-GmbH im Jahr 2016)

nur mit einer gut geführten Aneignungsdidaktik umgesetzt werden, nicht aber mit den Formen der Vermittlungsdidaktik.

Der klassische Verkaufstrainer mit vorgegebenen Inhalten ist dagegen nicht gefragt, weil damit nicht ausreichend auf die Problemstellungen der täglichen Praxis eingegangen werden kann. Die Entwicklung der Problemlösefähigkeit wird dadurch zu stark eingeschränkt, weil der Trainer ja versucht, schon vorgefertigte Problemlösungen einzubringen. Die Erhebungen der BEST Bildungs-GmbH ergaben ein Durchschnittsalter der Verkaufsmitarbeiter über alle Branchen hinweg von 49 Jahren. Das bedeutet, dass sich derzeit schon mehr als die Hälfte der im Verkaufsaußendienst befindlichen Verkäufer in der zweiten Berufshälfte befinden. Diese Erhebung deckt sich mit den Ergebnissen der Versicherungswirtschaft in deren Statistik von 2016. Hier liegt das Durchschnittsalter der Verkäufer ebenfalls bei 49 Jahren.

Wenn Verkaufsmitarbeiter der zweiten Berufshälfte vermittelnde Trainings der klassischen Form weitgehend und diejenigen in der ersten Berufshälfte das ebenfalls zu über 90 % ablehnen, dann sollte man sich doch ernsthaft die Frage stellen, warum dann mehr als zwei Drittel aller Verkaufstrainings so durchgeführt werden, wie es sich die allermeisten Verkäufer gar nicht mehr vorstellen und wie sie es gar nicht wollen? Wäre es nicht lernmotivierender, wirkungsvoller und effizienter, auf die Wünsche der Verkaufsmitarbeiter einzugehen, anstatt ständig Trainings anzubieten, von denen man weiß, dass sie keine ernstzunehmenden Ergebnisse, geschweige denn Transfer und Outcome erbringen können.

Bei handlungsaktiven Trainings, die der Kompetenzentwicklung dienen, ist die Abkehr von der »Lerntage-Denke« notwendig. Kompetenzentwicklung kann nur stufenweise erfolgen (s. Abb. 6), die Anwendung der einzelnen Stufen erfordert allerdings eine Konzeption, die sich als permanenter Prozess darstellt, bei dem eine längere Zeitachse notwendig ist, bis der gewünschte Outcome erreicht wird. Bildhaft lässt sich das vergleichen mit einem Heißluftballon: Wer lange Zeit in der Luft verweilen will, muss in permanenten Abständen heiße Luft in der richtigen Dosis nachlegen. Wer nur einmal heiße Luft nachschießt, kommt nicht sehr weit. Lebenslanges Lernen und Kompetenzentwicklung bedeutet immer weiterfliegen.

Einmal zwei Tage in einem Seminarraum zu lernen, es dann in der Praxis aber nicht oder nur unbefriedigend anzuwenden, führt niemals zum gewünschten Ergebnis.

Nicht die Durchführung eines Präsenzseminares mit bestimmten Inhalten, sondern nur ein richtiger Mix aus verschiedenen Maßnahmen in geeigneten Formaten und im richtigen zeitlichen Abstand können zur Entwicklung von Kompetenzen führen.

Dafür muss zunächst bestimmt werden, durch welche Methoden, Formate und Maßnahmen ein Lernziel erreicht werden kann. Dabei spielen die ange-

wandte Didaktik und die angestrebten Lerntiefen (Taxonomien) eine entscheidende Rolle. Manchmal reicht es aus, Dinge zu wissen oder zu verstehen. In anderen Fällen ist das Können wichtig oder gar das Anwenden in unterschiedlichen
Praxissituationen. Schwimmen lernt man nur im Wasser und nicht per Powerpoint-Folie. Kompetenzentwicklung ist somit ein kontinuierlicher Prozess und ein
Stück weit lebenslanges Lernen, das sich immer wieder mit neuen, längerfristigen
Zielsetzungen beschäftigt.

BEISPIEL

Telefontraining wird in Form eines arbeitsintegrierten Prozesses gestaltet. Das
kann von der Vorgehensweise wie folgt geschehen: Die Teilnehmer erhalten ein
Lernskript vor Beginn der Maßnahme, in dem zusammengefasst wurde, worauf
es beim Telefonieren ankommt, was sich in der Praxis als günstig und als ungünstig erwiesen hat. Hier lässt man den Teilnehmern, z. B. alle Mitarbeiter im
Verkaufsinnendienst, die regelmäßig mit Outbound-Telefonaten beschäftigt
sind, genügend Zeit, sich mit dem Skript zu befassen. Dann werden sogenannte
Tridems gebildet, bestehend aus drei Mitarbeitern, die sich täglich gegenseitig
anrufen und dabei versuchen, das, was ihnen im Skript wichtig erscheint,
in den Gesprächen umzusetzen. Sie erhalten von den anderen Teilnehmern
täglich eine Rückmeldung zum geführten Gespräch. Diese Maßnahme nimmt

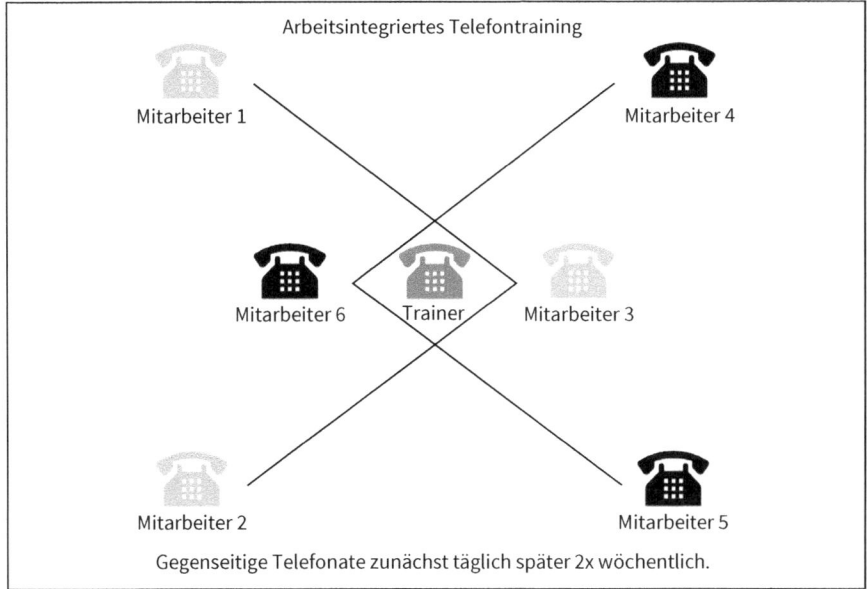

Arbeitsintegriertes Telefontraining

Mitarbeiter 1

Mitarbeiter 4

Mitarbeiter 6   Trainer   Mitarbeiter 3

Mitarbeiter 2

Mitarbeiter 5

Gegenseitige Telefonate zunächst täglich später 2x wöchentlich.

Abb. 9: Arbeiten und trainieren verbinden, arbeitsintegriertes Telefontraining

pro Mitarbeiter max. 5–10 Minuten in Anspruch, eine Zeitspanne, die als tägliches Lernfenster durchaus akzeptabel ist. Gelegentlich kann sich ein Trainer in das Gesprächsgeschehen einschalten, um die Entwicklung der Gesprächstechniken zu bewerten. In aller Regel kommt man über diesen Weg sehr schnell zu besseren Ergebnissen bei Outbound-Telefonaten. Nach einer längeren Zeit des täglichen Trainings kann dieses auf ein bis zwei Gespräche wöchentlich zurückgefahren werden, jedoch sollte es immer unbefristet beibehalten werden.

5 Warum Wissensvermittlung mit Kompetenzentwicklung wenig zu tun hat

Bei der Definition des Kompetenzbegriffes im pädagogischen Sinne wurden eingangs Kompetenzen als die Fähigkeit beschrieben, neue, in der Zukunft liegende Herausforderungen, die unvorhersehbar sind, eigenständig zu meistern. In 25 Jahren intensiver Zusammenarbeit mit Verkaufsmitarbeitern in der Weiterbildung zeigte sich deutlich, dass genau hier ein großes Defizit bei vielen Verkäufern besteht.

Diese Lücke kann mit klassisch durchgeführten Verkaufstrainings nicht geschlossen werden, weil in der Vermittlungsdidaktik oft Pauschallösungen für Methodik und Verhalten vorgegeben werden, die aus der Vergangenheit kommen und vom Trainer als Ideallösung für die Zukunft präsentiert werden. Veränderungen, die in Zukunft anstehen werden, können dann oftmals mit diesen trainierten »Ideallösungen« nicht mehr gemeistert werden und der Verkaufsvorgang endet erfolglos. Als klassisches Beispiel hierfür sei die AIDA-Methode genannt, die sich in modernen Verkaufsgesprächen nicht mehr als sinnvoll erweist, weil der Step der Bedarfsanalyse darin gar nicht vorgesehen ist. Eine gute Bedarfsanalyse wird allerdings in Verkaufsgesprächen immer bedeutender.

Die Erhebung von Bedarfsanalysen macht deutlich, ob beim Kunden Kaufkonflikte bestehen, die unbedingt berücksichtigt werden sollten.

Weiterbildungsmaßnahmen, die zu sehr auf die vorgegebenen Vorstellungen eines Trainers ausgerichtet sind, können wie schon erwähnt bei künftigen Problemstellungen nicht weiterhelfen. Im Gegenteil, diese Art des Trainings kann sogar schädlich sein, weil es die Kreativität bei der Lösungsfindung eher behindert.

Wirkliches Weiterkommen kann dagegen nur mit kompetenzbildenden Trainings erzielt werden, bei denen die Teilnehmer sich die für die Gegenwart und Zukunft nötige Kompetenzen selbst aneignen. Reines Wissen kann vermittelt werden. Kompetenzen lassen sich nicht vermitteln, sie lassen sich entwickeln, wenn Wissen und Können vom Teilnehmer selbst konstruiert und Können nach eigner Fasson angewendet wird.

Die oben bereits erwähnte Studie, die die BEST Bildungs-GmbH 2016 erhob (BEST Bildungs-GmbH 2017), fragte dazu die teilnehmenden Verkaufsmitarbeiter: »Wenn Sie einmal die zunehmende Veränderungsdynamik in der Wirtschaft betrachten, was hilft Ihnen dann am meisten weiter, um die künftigen Herausforderungen gut und selbst gesteuert zu meistern?«

Hier konnten die Befragten die aufgeführten Möglichkeiten mit jeweils ein bis sechs Punkten bewerten. Erstaunlicherweise erhielt die Antwort »Bessere Problemlösefähigkeiten entwickeln« die höchsten Werte. Das gilt sowohl für Verkäufer der ersten als auch der zweiten Berufshälfte (s. Abb. 10).

Während Verkäufer also durchaus die Notwendigkeit sehen, ihre Problemlösekompetenzen zu entwickeln, findet das in der derzeitigen Verkaufstrainingspraxis kaum Berücksichtigung. Das selbst entdeckende Lernen ist dabei für die Entwicklung von Problemlösekompetenzen eine essenzielle Voraussetzung. Reine Wissensvermittlung kann niemals zur Entwicklung von Problemlösekompetenzen führen.

Kennen und verstehen von Methoden, mit denen Probleme einfach, besser und schneller gelöst werden können, sollten aber trotzdem nicht fehlen. Diese sind im Zuge einer Vermittlungsdidaktik erlernbar. Das muss jedoch nicht in Form eines Präsenzseminars geschehen, Lernmaterialien oder beispielsweise Webinare sind für diese Art der Vermittlung gut geeignet.

Die moderne Erwachsenenpädagogik gliedert Lernen in lehrerzentriertes, lernerzentriertes und metakognitives Lernen. Vermittlungsdidaktik ist immer lehrerzentriert und zur Kompetenzentwicklung nicht geeignet. Die Lerner nehmen zwar Faktenwissen und Begründungswissen auf, können es aber nicht in geeig-

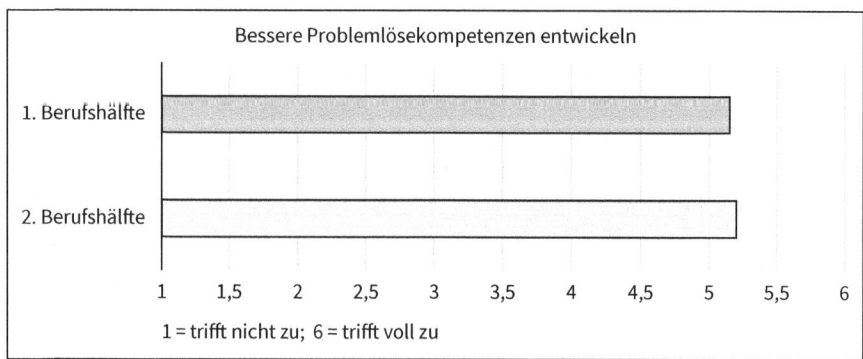

Abb. 10: Einschätzung der Befragten zum Thema: »Entwicklung von Problemlösekompetenzen«, Befragung der BEST Bildungs-GmbH 2017 (n = 272)

neter Form in die Praxis umsetzen. Auch wenn zunächst methodisches Wissen vermittelt wurde, ist es unbedingt notwendig, dieses in Form von lernerzentrierten Einheiten zur Anwendung in der Praxis zu bringen. Dabei erarbeiten und entwickeln die Lernenden selbst Lösungen für konkrete Problemstellungen aus der Praxis und verbessern so ihre Problemlösefähigkeit.

Beispiel aus dem praktischen Verkauf
Den Teilnehmern wurden verschiedene Fragtechniken, die im Verkauf angewendet werden sollten, in Form eines Webinars vermittelt. Hierbei wurden zwar zwischen offenen, halboffenen und geschlossenen Fragen sowie Sonderformen von Fragen unterschieden, es wurde aber nicht vermittelt, in welcher Situation eines Verkaufsgespräches sich welche Frageform als besonders günstig erweist. Im Anschluss wurden verschiedene konkrete Problemstellungen aus der Praxis der Teilnehmer vorgestellt und in Gruppenarbeit sollten Lösungen erarbeitet werden. Die Teilnehmer entschieden dabei selbst, welche Fragen in dem zu führenden Gespräch zum Einsatz kommen sollten. Die entwickelten Gesprächsszenarien wurden dann von den Teilnehmern in Rollenspielen auf ihre Effektivität überprüft.

Bei solchen Trainings neigen die Teilnehmer dazu, das in den Übungen umzusetzen, was sie schon gut oder zumindest einigermaßen können. Das, was sie nicht können, wird nicht eingesetzt oder verliert, wenn es als Verhaltensmöglichkeit vermittelt wird, schon sehr kurze Zeit nach der Weiterbildungsmaßnahme bei der konkreten Umsetzung an Relevanz.

Schauen wir uns die Weiterbildungspraxis an, so kommt es nicht selten vor, dass ein Verkäufer schon oftmals an einem Seminar teilgenommen hat, in dem z. B. Fragetechniken per Vermittlungsdidaktik behandelt wurden, trotzdem setzt dieser Verkäufer in der Praxis die gelernten Fragetechniken kaum ein. Das im Seminar Erlernte hat den Weg bis in die Praxis nicht in ausreichendem Maße gefunden und deshalb wurde es auch sehr bald vergessen. Das ist ein guter Beweis dafür, dass sich vom Trainer vorgedachtes Wissen nicht problemlos in die Praxis transferieren lässt.

Wissen ist konstruiert, nicht transferiert.   Peter Senge

Wenn Teilnehmer nach einem methodischen Kurzinput selbst nach guten Lösungen suchen und diese präsentieren, dann handelt es sich um selbst entdeckendes Lernen und um Wissenskonstruktion. Es könnte deshalb die Formel aufgestellt werden, versuchter Wissenstransfer führt nicht zu Praxistransfer. Praxistransfer ist deutlich besser durch Selbstkonstruktion des Wissens zu erreichen.

Selbstkonstruktion des Wissens beinhaltet vor allem das Element, neue oder bisher ungenutzte Verhaltensweisen zu tun bzw. auszuprobieren. Hierbei besteht allerdings die große Gefahr, dass der Mitarbeiter diese Phase des Übens, des Ausprobierens und des Entwickelns nicht konsequent beibehält und irgendwann wieder in alte Verhaltensmuster zurückfällt. Hier kommt es sehr auf die Volition des Lerners an, das bedeutet, wie konsequent er seine eigene Handlungsausführung verfolgt. Und Volition ist trainierbar. Nach Heckhausen und Gollwitzer (1987) wird Volition als die Fähigkeit von Menschen beschrieben, Handeln zu initiieren und entsprechende Handlungen auszuführen. Ohne Volition verpufft Motivation, weil es zu keiner oder nur schwacher Handlungsausführung kommt. Die Annahme, dass Motivation automatisch eine gute Handlungsinitiierung und -durchführung zur Folge hat, wird mit der Volitionstheorie widerlegt. Eine gute eigene Handlungssteuerung führt in aller Regel zu besseren Umsetzungsergebnissen beim Lerner. Wenn die eigene Volition schwach ist, werden Vorhaben schneller aufgegeben und gesteckte Ziele öfter nicht erreicht. Es kann deshalb im Zuge der Kompetenzentwicklung auch gleichzeitig daran gearbeitet werden, die eigene Handlungssteuerung zu verbessern. Dazu bedarf es keiner Wissensvermittlung, sondern selbst gelenkter Maßnahmen, für die ein bestimmtes Vorwissen sinnvoll und nötig sein kann, das jedoch alleine niemals zum Ziel führt.

Bei Kompetenzentwicklungsprozessen ist es möglich, ständig neue Lernelemente einzufügen, wenn Schwächen erkannt werden, welche die Kompetenzentwicklung behindern. Kompetenzentwicklung besteht wie bereits in Abbildung 6 dargestellt aus den Stufen Wissensvermittlung, Wissensverarbeitung und Transfer in die Praxis. Von der immer noch existierenden Meinung, man habe bereits gelernt, wenn man Wissen aufgenommen hat, sollten wir uns deshalb endgültig verabschieden. Tatsächlich haben wir erst dann etwas gelernt, wenn wir das Neuerlernte sicher anwenden können.

Neue Kompetenzen entstehen jedoch nicht allein durch das Können, sondern es ist auch immer die entsprechende innere Haltung zu diesem Verhalten erforderlich. Das bedeutet, wenn ich zwar Neues anzuwenden gelernt habe, meine innere Haltung oder die eigenen Werte dem Neuen aber ablehnend entgegenstehen, dann kann von Kompetenzentwicklung noch nicht die Rede sein. Kompetenzentwicklung beinhaltet also immer auch eine Veränderung der inneren Haltung, der Einstellung und der eigenen Werte. Eine solche Veränderung kann durch regelmäßigen Austausch in Gruppen bewirkt werden. Was ein Trainer in dieser Hinsicht oft nicht vermag, gelingt in Austauschgruppen relativ schnell und unkompliziert. Ein solcher Austausch trägt auch in erheblichem Maße zur Entwicklung der Selbstlernkompetenzen bei, die ja wie bereits erwähnt im Rahmen von Kompetenzentwicklungsprozessen einen hohen Stellenwert besitzen.

6 Warum Kompetenzentwicklung so schwierig zu verstehen ist

Der Kompetenzbegriff ist vielfältig. Oftmals werden unter Kompetenzen die Entscheidungs- und Weisungsbefugnisse verstanden, die einer Person innerhalb einer Organisation übertragen werden. In der Weiterbildung versteht man unter Kompetenz die Handlungs- und Problemlösefähigkeit einer Person. Kompetenzen befähigen dazu, Problemstellungen und neue Herausforderungen, welche die Zukunft bringt, eigenständig zu lösen und zu meistern. Hierzu sind Kenntnisse, Fähigkeiten, Fertigkeiten und die richtige innere Haltung notwendig. Heute geht die Wissenschaft davon aus, dass etwa 70–80 % aller Kompetenzen, über die ein Mensch verfügt, durch Erfahrungen erworben wurden. Man spricht in diesem Zusammenhang von Erfahrungs- oder Alltagswissen. Alle gemachten Erfahrungen stammen aber aus der Vergangenheit und lassen sich nicht ohne Weiteres auf die Zukunft übertragen, obwohl das häufig angenommen wird.

Bei der zuvor schon genannten Umfrage der BEST Bildungs-GmbH 2017 wurde das Statement aufgestellt: »Mit den bisherigen Erfahrungen alleine werde ich die Zukunft nicht meistern können«. Es zeigte sich, dass ein großer Teil der befragten Verkaufsmitarbeiter durchaus davon ausgeht, dass die bisher gesammelten Erfahrungen ausreichend sind, um die Zukunft zu meistern.

Die Ergebnisse wurden auch hier untergliedert in Verkäufer der ersten und der zweiten Berufshälfte. Die Anwendung der bisherigen Erfahrungen in der Zukunft wird bei beiden Befragtengruppen sehr hoch eingeschätzt, wobei ein deutlicher Unterschied zwischen jüngeren und älteren Verkäufern besteht. Auch steht das Ergebnis ein wenig im Widerspruch zu Abbildung 10, in der ja die Entwicklung der Problemlösefähigkeiten als sehr wichtig eingeschätzt wird.

Die Probleme und die Herausforderungen der Zukunft werden anders sein als die heutigen und die Wandlungsgeschwindigkeit nimmt ständig zu. Daraus resultiert, dass es wirklich essenziell und wichtig ist, die Problemlösekompetenzen in Hinblick auf die Veränderungen im Markt zu entwickeln. Die sehr schnelle Entwicklung zu Informations- und Dienstleistungsgesellschaften in den Industrienationen führt zu ständig veränderten Anforderungsprofilen in fast allen Berufen.

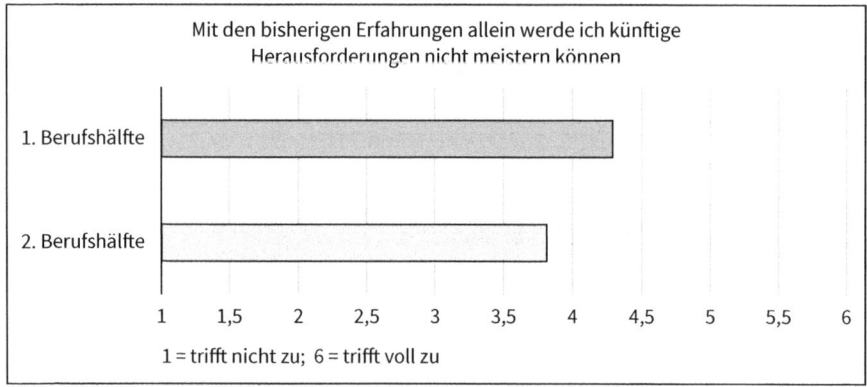

Abb. 11: Einschätzung der Befragten zum Thema: »Reichen bisher gesammelte Erfahrungen aus, um die Zukunft zu meistern?« Befragung BEST Bildungs-GmbH 2017 (n = 272)

Über die fachlichen Fähigkeiten hinaus werden beispielsweise soziale Kompetenzen auch von technischen Spezialisten erwartet. Erpenbeck und Heyse (2007, S. 96) vermuten, dass im globalen Weltmarkt bereits eine sogenannte Kompetenzbarriere entstanden ist, die nur durch einen Paradigmenwechsel im Lernverständnis der beruflichen Weiterbildung überwunden werden kann. Altes Lernverständnis muss ganzheitlichen Lehr-/Lernkonzepten weichen. Lernen muss als ständiges Bemühen um Weiterentwicklung in einem lebenslangen Lernprozess verstanden werden.

Dazu gehört aber auch die Einsicht und innere Haltung der betroffenen Mitarbeiter. Diese scheint derzeit noch nicht in ausreichendem Maße gegeben zu sein. Die Neigung, die Dinge so zu tun, wie sie auch in der Vergangenheit getan wurden, behindern die Entwicklung von Kompetenzen in nicht unerheblichem Maße. Sie behindert die Kreativität und die Bereitschaft, über neue Möglichkeiten nachzudenken und neue Möglichkeiten umzusetzen, die besser in die heutige Zeit passen.

Um einem Missverständnis vorzubeugen: Bei der Kompetenzentwicklung geht es nicht darum, bisherige Erfahrungen über Bord zu werfen, sondern darum, diese zu nutzen und dem Wandel anzupassen. Es geht darum, die gemachten Erfahrungen modifiziert in die Zukunft zu tragen, aber auch darum, Altes und Überholtes loszulassen und sich Neuem zuzuwenden. Wenn diese innere Haltung nicht gegeben ist, wird Kompetenzentwicklung schwierig.

Eine weitere Bedingung für erfolgreiche Weiterbildung lautet: Kompetenzentwicklung erfordert teilnehmeraktives Handlungstraining. Diese Erkenntnis ist inzwischen sowohl bei Unternehmen als auch bei Trainern weitgehend angekommen. Noch nicht angekommen ist, was unter kompetenzbildender Weiterbildung zu verstehen ist. In einem jüngst geführten Gespräch mit einem Verkaufstrainer erklärte dieser: »Teilnehmeraktives Handlungstraining mach ich doch, und nach der Theoriephase (Wissensvermittlung per Powerpoint) lasse ich die Teilnehmer das Erlernte trainieren und üben.«

Hier haben wir nach wie vor einen Vordenker, der von ihm Präsentiertes im Übungsteil von den Teilnehmern umgesetzt sehen will. Das bedeutet, es werden von einem Trainer vorgedachte Problemlösungen eingeübt. Das ist kein teilnehmeraktives Handlungstraining im pädagogischen Sinne. Bei dieser Vorgehensweise entwickeln sich keine Kompetenzen, weil keine eigenständige Problemlösefähigkeit gefordert wird und die Art des Handelns vom Trainer vorbestimmt ist.

Ein wesentlicher Anspruch an kompetenzbildende Verkaufstrainings ist deshalb die Selbstbestimmung der Teilnehmer. Gerade damit tun sich aber Trainer und auch Vertriebsführungskräfte schwer. Fremdbestimmte Trainingsmaßnahmen beherrschen nach wie vor die Szene und Änderung ist kaum in Sicht. Genau an diesem Punkt beginnt die Schwierigkeit für Lehrende: Sie sind gefordert, das eigene Vorgedachte loszulassen und sich darüber klar zu werden, dass nicht die eigene Sichtweise die einzig richtige ist, sondern dass es auch andere Wege zum Ziel gibt, die genauso effizient und erfolgreich sein können. Ich kann mich da an einen Fall aus unseren Trainerausbildungen erinnern. Für einen Teilnehmer, der in erster Linie Fleischereifachverkäufer trainierte, war es extrem wichtig, dass die Verkäufer an einigen Stellen des Verkaufsgespräches den sogenannten »Dackelblick« aufsetzten. Er vertrat diese Erwartung vehement und war überzeugt, davon, dass man ohne diesen Dackelblick nur etwa halb so viel verkaufen würde.

7 Wie sich Qualifikationen von Kompetenzentwicklung unterscheiden

Wie Abbildung 6 zeigt, ist für die Entwicklung von Kompetenzen nicht nur eine Lernkomponente notwendig, sondern mehrere. Am Anfang steht die Wissensvermittlung, wobei es um Faktenwissen bzw. Begründungswissen geht. Gerade bei längerfristigen Aus- und Weiterbildungsmaßnahmen wird Faktenwissen und vor allem methodisches Wissen benötigt. Es ist wichtig, Methoden und Vorgehensweisen zu kennen, um bestimmte Problemstellungen in der Praxis effizient lösen zu können. Die Wissensvermittlung in ihrer Reinform bringt zwei Probleme mit sich:

1. Wissen alleine führt in der Regel noch nicht zur Anwendung in der Praxis. Am Beispiel einer Tanzschule kann das veranschaulicht werden: Wenn ich die Schritte des Walzers auf dem Flipchart sehe und mir anschließend ein Film gezeigt wird, in dem Menschen Walzer tanzen, dann kann ich das selbst in der Praxis noch nicht. Es fehlt zunächst der weitere Schritt der Wissensverarbeitung. Wissensverarbeitung bedeutet, Fakten- und Begründungswissen in Situationen nahe dem Anwendungsfeld zu tun. In dem Tanzschulenbeispiel würde das bedeuten, mit einem Partner oder einer Partnerin auf der Tanzfläche die notwendigen Schritte einzuüben.

2. Erworbenes Wissen geht in unserem sehr spärlich angelegten Kurzzeitgedächtnis sehr schnell wieder verloren, wenn es nicht verankert wird. Nach der Einschätzung vieler Experten kann eine Person, die einen Tag lang an einem rein wissensvermittelnden Unterricht teilgenommen hat, weniger als 10 % der wichtigsten Lehrinhalte wiedergeben. Viel besser fällt das Ergebnis aus, wenn nach dem Wechselprinzip Input plus Anwendung gearbeitet wird. Die Anwendung nach dem Wissensinput vertieft und verknüpft Gelerntes, sodass weniger Wissen verloren geht.

Das heißt, nach dem Schritt der Wissensvermittlung durch einen Trainer oder Lehrenden wird die Phase der Wissensverarbeitung zwingend notwendig, um zu vermeiden, dass die oben genannten Probleme auftreten. In der Stufe der Wissensaneignung geht es darum, das in der Vermittlungsstufe Erlernte zu tun und umzusetzen. Wir sprechen hier auch von Handlungslernen. In unserem Beispiel mit dem Tanzen wäre das nun die Phase, in der wir in der Tanzschule das Walzertanzen üben. Im ersten Schritt geht es strikt darum, nach der Anweisung des Tanzlehrers zu üben. Im Folgenden haben wir aber durch das Übern des Walzerschrittes nach der Anleitung des Tanzlehrers auch noch keine Kompetenzentwicklung erfahren, sondern wir haben uns in Sachen Tanzen qualifiziert.

Trainer im Verkaufstraining wollen aber in der Phase der Wissensverarbeitung, ähnlich wie der Tanzlehrer, das Vermittelte klar und genauso wie gezeigt umgesetzt sehen. Dadurch wird eine Qualifikation erreicht, die uns befähigt, nach einer vorgegebenen Methode bestimmte Dinge zu tun, nicht aber dazu, das Erlernte situationsbezogen zu ändern und variiert anzuwenden.

Es führt zur starren, unflexiblen Anwendung des Erlernten. Bei einer Qualifikation geht es allerdings nicht darum, ob das Gelernte in jeder Situation anwendbar oder vielleicht schon überholt ist und eventuell gar nicht mehr sinnvoll angewendet werden kann.

Sie versetzt uns selten in die Lage, Wissen eigenständig der veränderten Situation anzupassen. Die Unterschiede zwischen Qualifikationen und Kompetenzen zeigt Tabelle 1.

Qualifikation	Kompetenz
Ist immer auf die Erfüllung vorgegebener Ziele (z. B. Curricula) gerichtet, also fremdorganisiert.	Beinhaltet Selbstorganisationsfähigkeit. Damit werden die Ziele durch den Lernenden bestimmt.
Ist objektbezogen, bezieht sich auf konkrete Anforderungen, z. B. Arbeitsaufgaben.	Ist subjektbezogen, bezieht sich auf den jeweiligen Lernenden als Persönlichkeit
Ist auf unmittelbare, tätigkeitsbezogene Kenntnisse, Fertigkeiten und Fähigkeiten beschränkt.	Ist ganzheitlich, d. h. bezieht sich auf die Fähigkeit zur selbst organisierten Problemlösung einer Person.
Ist auf individuelle Fähigkeiten bezogen, die rechtsförmig zertifiziert werden können.	Umfasst die Vielfalt der individuellen Handlungsdispositionen und damit der Wertvermittlung.
Rückt mit seiner Orientierung auf verwertbare Fähigkeiten und Fertigkeiten vom klassischen Bildungsideal ab.	Nähert sich dem klassischen Bildungsideal auf eine neue zeitgemäße Weise.

Tab. 1: Unterschiede zwischen Qualifikation und Kompetenz nach Erpenbeck und Sauter (2010)

8 Warum Managementcommitment in der Mitarbeiterentwicklung eine wichtige Rolle spielt

Wenn wir uns einmal die Frage stellen, wie Verkaufstraining von den Vertriebsführungskräften unterstützt wird, dann wird die Antwort oftmals lauten müssen: viel zu wenig. Unterstützung beginnt da, wo sich die Führungskraft für die gerade durchgeführte Maßnahme interessiert, die Rolle eines Lernbegleiters einnimmt und dazu beiträgt, dass Erlerntes auch dauerhaft in die Praxis umgesetzt wird und umgesetzt werden kann. Doch genau diese Arbeit findet in aller Regel kaum oder viel zu wenig statt. In zahlreichen Untersuchungen wurde festgestellt, dass mangelndes Managementcommitment eine Hauptursache für Umsetzungsschwächen aller Art ist, ob es nun um Lern- oder Changeprozesse geht.

Bei jeder Weiterbildungsmaßnahme sollte deshalb auch von Anfang an eine Art Betreuungsdesign festgelegt sein, das als Leitfaden für die Führungskräfte dient und die Unterstützung vor, während und nach dem Weiterbildungsprozess sicherstellt. Als ich mich 1992 selbstständig machte, entstand gerade die erste Vertriebsaufstiegsfortbildung »Fachberater im Außendienst (IHK)«. Als Buchautor für diese Fortbildung konnte ich einen guten Bekanntheitsgrad in diesem Bereich erlangen und mit zahlreichen Unternehmen Gespräche bezüglich dieser Aufstiegsfortbildung für Verkäufer führen. Während Geschäftsführer und auch Vertriebsleiter in vielen Fällen der Fortbildung und auch dem Weiterbildungskonzept gegenüber positiv eingestellt waren, stieß die Absicht, in erster Linie junge Verkaufsmitarbeiter zu qualifizieren, bei Regionalleitern und Gebietsverkaufsleitern auf massive Widerstände. Diese Führungskräfte begründeten ihre Ablehnung mit der Befürchtung, die Leistung der Mitarbeiter könne in dem Ausbildungsjahr sinken. Oft wurde gegenüber dem höheren Vorgesetzten argumentiert: »Wenn uns dann Umsatz fehlt, mach mir bitte keine Vorwürfe«.

Tatsächlich machten aber die Unternehmen, die Mitarbeiter zu der Fortbildung entsandten, nie weniger Umsatz. Im Gegenteil, in einem Falle wurde der Mitarbeiter eines großen Kosmetikkonzerns trotz seiner 28 Weiterbildungstage zum Mitarbeiter des Jahres gewählt. In einem anderen Unternehmen konnten die acht von insgesamt 35 Außendienstmitarbeitern, die an dem Kurs teilnahmen, mit 72 % zum Gesamtumsatzwachstum des Unternehmens beitragen. Diese Zahlen sprechen deutlich dagegen und widerlegen alle Befürchtungen, dass durch längerfristige Weiterbildungsmaßnahmen Umsatzeinbußen entstehen.

Es muss also noch andere Gründe geben, weshalb insbesondere Gebietsverkaufsleiter und regionale Verkaufsleiter oftmals umfassendere Weiterbildungsmaßnahmen zu verhindern suchen. Mit Sicherheit hat das mit der Angst zu tun, die Mitarbeiter könnten kompetenter werden als die Führungskraft selbst und vielleicht sogar an deren Stuhl sägen. Auf alle Fälle befürchten viele, dass vermutlich die Wahrscheinlichkeit steigt, dass Defizite der Führungskraft besser und schneller erkannt werden.

Auch dort, wo die Geschäftsleitung gegen den Willen der Gebietsleiter durchgesetzt hat, dass eine Gruppe von Mitarbeitern an der Fortbildung teilnimmt, war das Commitment der direkten Vorgesetzten mehr als fragwürdig. Nicht selten wurde die Bedeutung und Wirkung der Fortbildung durch die direkten Vorgesetzten abgewertet: »Was ihr dort lernt, ist doch alles Schnulli, konzentriert euch auf das Verkaufen.« So, wie hier im Originalton, und ähnlich waren die Aussagen von Führungskräften. Die Folge: Wenn meine Führungskraft meiner Fortbildung keinen Wert zumisst, dann bin auch ich irgendwann entweder von der Fortbildung oder von der Führungskraft nicht mehr überzeugt und meine Leistung verbessert sich nicht, sondern verschlechtert sich vielleicht sogar.

Mangelndes Commitment der Führungskräfte ist aber oftmals auch ein Beleg für eine schlechte Lernkultur im Unternehmen. In einer guten Lernkultur wird jedes Lernen von den Führungskräften unterstützt und mitgetragen, weil die Führungskraft weiß, dass durch qualifizierte Mitarbeiter die Leistung deutlich gesteigert werden kann. Doch auch wenn, wie oft propagiert, die Weiterbildung der Mitarbeiter einer der wichtigsten Wettbewerbsfaktoren ist, heißt das im Umkehrschluss noch lange nicht, dass die Durchführung von Weiterbildung generell schon als Maßnahme zur Verbesserung der Wettbewerbsfähigkeit zu bewerten ist. Die Wettbewerbsüberlegenheit, die durch Weiterbildung entsteht, hängt maßgeblich von der Qualität der durchgeführten Weiterbildung ab, genauer: hauptsächlich von den Kompetenzen, die durch die Weiterbildung bei den Mitarbeitern entwickelt wurden. Führungskräfte sollten deshalb bezüglich der Weiterbildung ihrer Mitarbeiter zwei Dinge sicherstellen:

1. Es ist genügend Zeit für die Erreichung der Weiterbildungsziele gegeben
Weiterbildung braucht Zeit – diese alte Weisheit gilt auch heute noch. Wenn zu wenig Zeit für die Weiterentwicklung der Mitarbeiter eingeplant wird, ist der Anteil der Vermittlungsdidaktik hoch und der Anteil der Aneignungsdidaktik

niedrig. Mit anderen Worten, die Qualität der Weiterentwicklung leidet und es kommt zu sehr bescheidenen Ergebnissen. Ein bisschen mehr Zeit hätte in vielen Weiterbildungsprogrammen oftmals Wunder gewirkt.

Die Weiterbildung in mehreren Schritten, so wie es die Aneignungsdidaktik fordert, ist zeitaufwendiger als die reine Wissensvermittlung, bewirkt allerdings ein deutlich besseres Ergebnis. Reine Wissensvermittlung führt nicht zu Können und nicht zu Kompetenzentwicklung. Reine Wissensvermittlung entwickelt Weiterbildungsteilnehmer zu Eunuchen, die zwar wissen wie es geht, es aber nicht können.

2. Weiterbildungsziele werden zu einem hohen Grad erreicht

Weiterbildungsziele in Unternehmen orientieren sich idealerweise an den strategischen Unternehmenszielen, deren Erreichung ja eine der höchsten Prioritäten hat. Deshalb muss auch die Erreichung der Weiterbildungsziele eine hohe Priorität haben, weil diese ja die Erreichung der strategischen Unternehmensziele stützen. Mangelndes Commitment bezüglich der Weiterbildungsziele ist deshalb eine fahrlässige Haltung der Führungskräfte, die ja damit am eigenen Ast, auf dem sie sitzen, sägen. Diese Erkenntnis und die innere Haltung sind aber anscheinend noch nicht weit vorgedrungen. Im Gegenteil, viele Vertriebsführungskräfte drängen auf kurze Weiterbildungszeiten, sehen Weiterbildung nicht als andauernden Prozess, sondern als punktuelle Maßnahme, können Weiterbildungsqualität nur schlecht bewerten und einschätzen, weil sie fachpädagogisch nicht geschult sind, und sehen die Entwicklung der Lernkultur im Unternehmen als unnötig an, jedenfalls wollen sie daran in den meisten Fällen gar nicht mitwirken.

Wenn sich Weiterbildung an den strategischen Unternehmenszielen orientiert, dann sprechen wir von generellen Bildungszielen. Da die einzelnen Mitarbeiter unterschiedlich lernen, sollte aber neben der Erreichung des generellen Bildungszieles auch über den individuellen Bildungsbedarf der einzelnen Mitarbeiter nachgedacht werden. Letztlich besteht das Ziel ja darin, dass alle Verkaufsmitarbeiter die generelle Weiterbildungszielsetzung erreichen. Der Bildungsbedarf kann hierfür aber eben von Mitarbeiter zu Mitarbeiter ganz verschieden sein.

Einige wichtigen Fragen sind deshalb: Was weiß und kann der einzelne Mitarbeiter nach einer punktuell ausgerichteten Weiterbildungsmaßnahme, z. B. nach einem Verkaufstraining von zwei Tagen? Haben alle das Gleiche gelernt oder jeder etwas anderes? Haben alle gleich viel gelernt oder der eine viel und der andere kaum etwas. Fest steht, es gibt große Unterschiede. Nun könnte man an dieser Stelle darüber philosophieren, was die Gründe dafür sind. Es kann aber auch überlegt werden, wie letztlich eine Angleichung zu erreichen und in die Hinführung zum Erfolg aussehen könnte. Hierzu benötigen wir die Führungskraft, die in der Lage sein sollte, Teilfunktionen des Trainings zu übernehmen und als Lernprozessbegleiter zu fungieren. Die Führungskraft muss in den Bildungsprozess

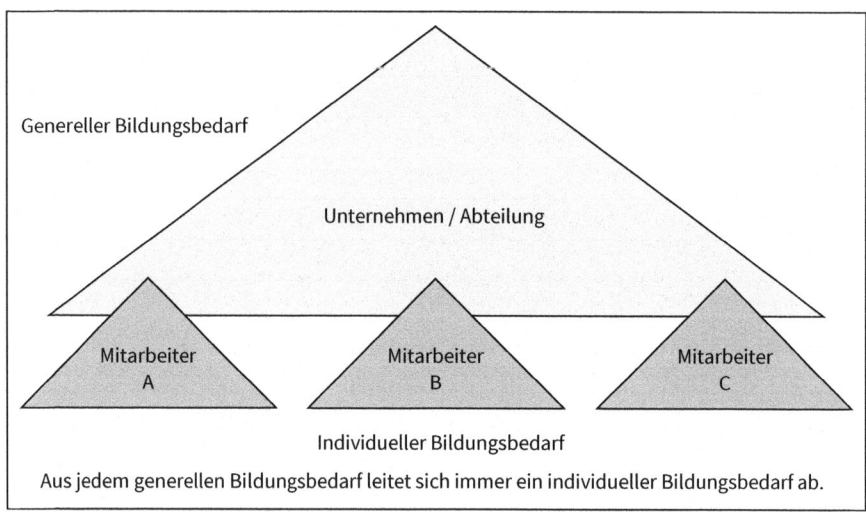

Abb. 12: Genereller und individueller Bildungsbedarf

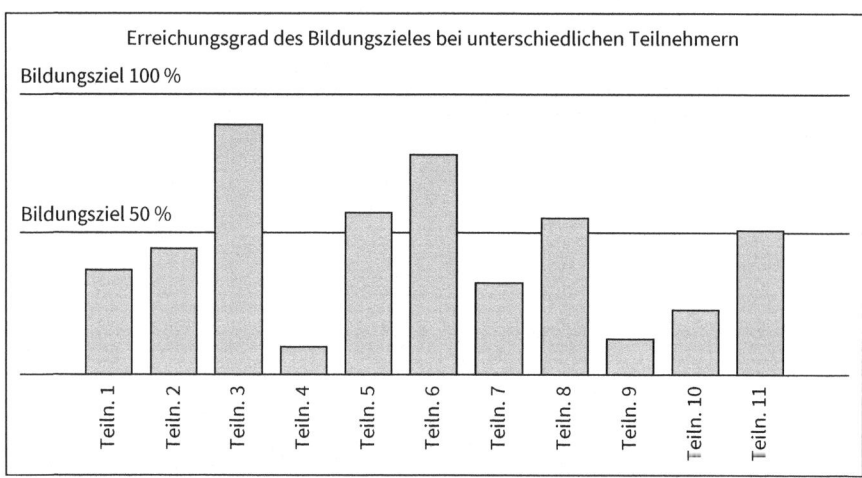

Abb. 13: Unterschiedliche Erreichung der Bildungsziele

voll involviert sein und durch Beobachtungen und durch Gespräche feststellen, inwieweit der einzelne Mitarbeiter das generell gesteckte Bildungsziel erreicht hat. Ist dieses nicht erreicht, muss es seine Aufgabe sein, gemeinsam mit dem Mitarbeiter Lernwege zu vereinbaren, um die Zielerreichung sicherzustellen. Diese Aufgabe lernt sich nicht so einfach von heute auf morgen, vielmehr ist dafür eine fachpädagogische Qualifikation der Führungskraft vonnöten.

In den häufigsten Fällen finden nach einer Trainingsmaßnahme zwischen Vertriebsführungskraft und Vertriebsmitarbeiter Gespräche darüber, wie durch Lernbegleitung ein höherer Umsetzungsgrad der Maßnahme erfolgen kann, nicht statt. Die Ergebnisse von Trainingsmaßnahmen werden sich selbst überlassen und man wundert sich, dass so wenig dabei herauskommt.

Wenn die Verkaufsmitarbeiter eines Unternehmens aufgrund ihrer Leistung in ein oberes, ein mittleres und ein unteres Drittel eingestuft werden, dann ist immer wieder festzustellen, dass die Verkäufer des oberen Drittel eine höhere Lernleistung und einen höheren Lernerfolg aufweisen können als die anderen Mitarbeiter. In aller Regel erbringen auch die Mitarbeiter des unteren Drittels die schlechteste Lernleistung und den schlechtesten Lernerfolg.

Das bedeutet, die Leistungsdifferenzen zwischen den Verkäufern des oberen und des unteren Drittels werden immer größer und das ist eine bedenkliche Entwicklung für das Unternehmen, weil steigende Leistungsdifferenzen sich auf Dauer als schleichende Profitkiller erweisen.

Die zunehmenden Leistungsdifferenzen im Vertrieb, die allgemein beobachtet werden können, ganz unabhängig davon, ob Weiterbildungsmaßnahmen stattfinden oder nicht, werden durch Weiterbildungsmaßnahmen, an die sich keine gezielte Lernbegleitung anschließen, verstärkt.

Ein Verkaufstraining, das an zwei Seminartagen mit zehn Teilnehmern durchgeführt wird, kostet bei Vollkostenrechnung zwischen 20.000 und 30.000 Euro. Es ist deshalb kaum zu verantworten, wenn Vertriebsführungskräfte nicht mit allen Mitteln versuchen, die Maßnahme zum Erfolg zu führen. Erfolg ist nur dann gegeben, wenn der Outcome höher ist als der Input, wobei der Outcome nicht immer ein ökonomischer Outcome sein muss.

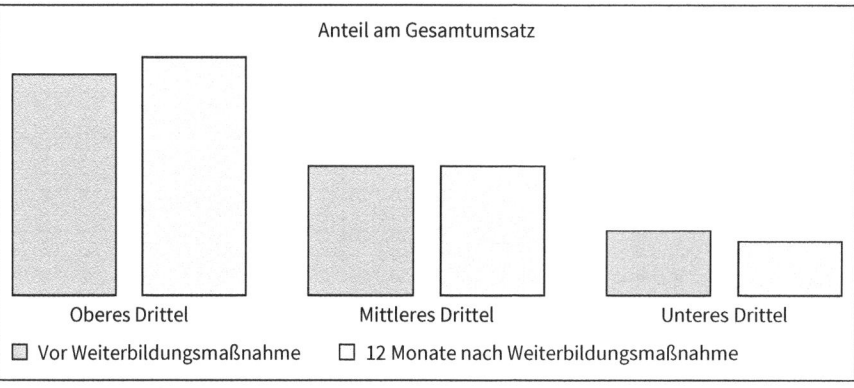

Abb. 14: Zunehmende Leistungsdifferenzen durch Weiterbildungsmaßnahmen

Die Wissensvermittlung kann noch so effektiv und effizient sein, sie wird immer dann schlecht abschneiden, wenn der Outcome gemessen wird, weil Wissensvermittlung vielleicht zu neuem Wissen, aber niemals zu neuem Können führt. Durch »träges Wissen« –darunter wird Wissen verstanden, dass niemals zur Anwendung gelangt –, kann kein sinnvoller Outcome erreicht werden.

Es sollten immer Wege gefunden werden, um den Grad der Zielerreichung bei Weiterbildungsmaßnahmen zu ermitteln. Allerdings ist es schwierig, Messkriterien zu entwickeln, die genau dies ermitteln. Das wird nie zu 100 % genauen Ergebnissen führen, aber Messkriterien und Messziffern geben dennoch immer guten Aufschluss darüber, wie es um die Qualität der Weiterbildung und um die Qualität der Lernkultur im Unternehmen bestellt ist. Die Bedeutung von mangelndem Managementcommitment und einer unbefriedigende Lernkultur im Unternehmen als Ursache für schlechte Lernleistungen der Mitarbeiter dürfen auch in der heutigen Zeit des lebenslangen Lernens nicht unterschätzt werden. Managementcommitment und individuelle Lernbegleitung sind deshalb wichtige Schlüssel, um Lernerfolge und Lernkultur im Vertrieb zu verbessern.

Trotzdem erfahren wir immer wieder, nicht nur in Ausnahmefällen, von den Teilnehmern an längerfristigen Vertriebsweiterbildungen, dass keinerlei Unterstützung seitens der Führungskräfte gegeben ist und dass diese sogar die vom Mitarbeiter begonnene Maßnahme als unsinnig und völlig überflüssig beurteilen.

Gerade in diesen Tagen haben wir erlebt, dass ein Unternehmen, oder genauer die Führungskräfte, solange auf eine Mitarbeiterin, die an einer unserer Vertriebsfortbildungen teilgenommen hatte, mit »Psychoterror« reagiert haben, bis diese den Vertrag gekündigt hat. So wurde beispielsweise rechtswidrig Bildungsurlaub seitens des Unternehmens abgelehnt und auch kein Urlaub für die Teilnahme an einer Weiterbildungsveranstaltung gewährt.

Es kann viele Gründe geben, weshalb Führungskräfte Fortbildungen ihrer Mitarbeiter skeptisch und ablehnend entgegentreten. In erster Linie ist es aber die Angst, der Mitarbeiter könnte am Ende zum Konkurrenten werden, weil seine Kompetenzen die eigenen vielleicht übersteigen. Es kann aber auch die Angst sein, dass sich der Mitarbeiter während seiner Fortbildung zu wenig um die Erreichung betrieblicher Ziele kümmert und weniger erfolgreich ist als zuvor. Letztlich kann es aber auch die Angst sein, dass der Mitarbeiter nach erfolgreicher Fortbildung das Unternehmen verlässt und in einem anderen Unternehmen für mehr Geld oder für einen besseren Job anheuert. Oder es wird befürchtet, dass weitere Mitarbeiter dem Beispiel folgen und ebenfalls eine Weiterbildung absolvieren, dann könnte die Führungskraft letztlich als ungebildet dastehen und Mitarbeiter könnten Kompetenzschwächen erkennen. Als ich vor 20 Jahren für ein großes Unternehmen mit 300 Außendienstmitarbeitern begann, diese Gruppe für Gruppe zum Fachberater im Außendienst auszubilden, kam denn auch die Frage der Führungskräfte auf, ob es nicht sinnvoll wäre, die Treppe von oben zu kehren. Darauf erklärte der Schulungsleiter, man habe das jahrelang erfolglos versucht und nun möchte das Unternehmen stattdessen von unten ein Feuer legen. Und das hat während der 10 Jahre, in denen ich für das Unternehmen ausgebildet habe, gut funktioniert, weil Führungskräfte nun von sich aus auch an den Fortbildungen teilnahmen.

9 Warum Lernen heute stärker selbst organisiertes Corporate Learning sein sollte

Auf dem Weg zum lebenslangen Lernen wird kein Weg in der Vertriebspraxis daran vorbeigehen, selbst gesteuertes Lernen zu forcieren und letztlich zu praktizieren. Heute ist die Weiterbildung im Vertrieb aber wie gesagt noch weitgehend formell und fremdgesteuert angelegt.

Die Gestaltung der Weiterbildungsprozesse erfolgt nicht durch die Teilnehmer, sondern wird von Personalentwicklern, Trainern und Führungskräften erdacht. Die Maßnahmen selbst verlaufen meist mit linearen Inhalten, die formal in einem festgelegten Rahmen vermittelt werden. Die Maßnahmen sind meist nach längst überholten, den behavioristischen und kognitiven Lehransätzen gestaltet. Es entsteht eine Belehrungsdidaktik, bei der ein bestimmtes antrainiertes Verhalten, das dem Ideal des Trainers entspricht, deshalb aber nicht unbedingt richtig sein muss, als Trainingsziel bestimmt wird. Meist sind die Veranstaltungen und deren Durchführung völlig fremdbestimmt und die Bildungsverantwortlichen sind nur in wenigen Fällen bereit, die Mitarbeiter bei der Seminargestaltung und den Seminarinhalten mitbestimmen zu lassen. Oft werden auch die Teilnehmer verpflichtet, an den Maßnahmen teilzunehmen, ganz unabhängig davon, ob sie das für sinnvoll halten und ob sie es wollen. Mitarbeiter zur Teilnahme an Weiterbildungsmaßnahmen zu zwingen, bringt allerdings einerseits keinen nennenswerten Outcome und andererseits ist es menschenunwürdig. In der heutigen Zeit sollten mögliche Teilnehmer hinsichtlich bevorstehender Weiterbildungsmaßnahmen befragt werden. Das kann natürlich keine völlig offene Befragung sein, weil dann die Ergebnisvielfalt nicht bedient werden kann, denn die Zielsetzung für die Maßnahme steht ja fest und ist durch die strategischen Unternehmensziele bestimmt. Trainingsmaßnahmen im Vertrieb, welche die strategischen Unternehmensziele nicht direkt unterstützen, sind nicht unbedingt sinnvoll. Die Befragung zielt eher in die Richtung, wie die Maßnahmen durchgeführt werden können, um die Zielsetzung zu erreichen. Hier gilt wie bei anderen Zielerreichungssystemen der

Grundsatz: Ziele von oben, Pläne von unten. In diesem Kontext sollten nicht formelle, fremdbestimmte Bildungsmaßnahmen im Vordergrund des Geschehens stehen, sondern Maßnahmen mit einem hohen Selbstbestimmungsgrad. Dadurch kann unter anderem der Austausch zwischen den Teilnehmern organisiert werden, was als Corporate Learning als zusätzliches Element in die Maßnahme einbezogen werden kann. Unter Corporate Learning versteht man den selbst gesteuerten Austausch zwischen Lernern. Dieser gegenseitige Austausch kann über das Internet, das soziale Netz oder über persönliche Zusammenkünfte organisiert werden. Eine seit Jahren bekannte Form des Corporate Learning ist das »Koping« (Kommunikative Praxisbewältigung in Gruppen), das Anfang der 1990er-Jahre von Diethelm Wahl entwickelt wurde (s. auch weiter unten).

Das ist nicht schwer zu organisieren und kann mithilfe von Kollaborationsservern oder auch mit einfachen Videochats online durchgeführt werden. Fortschrittliche Vertriebe haben diese Werkzeuge bereits an Bord, die jährlichen Lizenzkosten dafür liegen in der Regel nur etwa bei 1.000 Euro.

Im Vergleich zu anderen Softwareinvestitionen, die wesentlich weniger Erfolg bringen, sind die Kollaborationsserver also relativ preisgünstig. Die oft herrschende Meinung, die Mitarbeiter können nicht entscheiden, was in der Weiterqualifizierung für sie wichtig ist, ist nicht mehr als eine unhaltbare Vermutung. Dem wäre entgegenzuhalten, dass die Führungskräfte oft schlicht nicht wissen, was gute Weiterbildung ist. Tatsächlich bedeutet die Mitbestimmung bei der Weiterbildungsplanung für viele Führungskräfte einen Kontrollverlust, den sie gerne vermeiden möchten.

Abbildung 15 zeigt das Ergebnis der Befragung von Vertriebsmitarbeitern durch die BEST Bildungs-GmbH (2017) auf die Frage, ob sie gerne die Inhalte einer Weiterbildungsmaßnahme mitbestimmen würden.

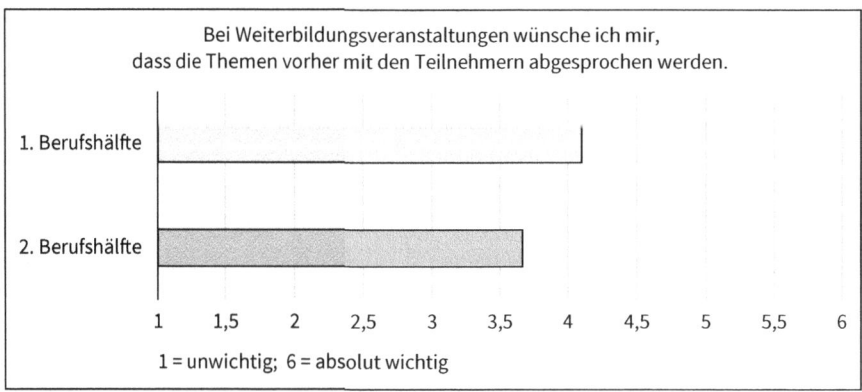

Abb. 15: Befragung der BEST Bildungs-GmbH 2017 (n = 272)

Aus der Befragung geht hervor, dass es den Mitarbeitern – und hier besonders denen in der ersten Berufshälfte – wichtig ist, dass Inhalte vorher mit den Teilnehmern abgesprochen werden. Jedoch hat dieser Punkt bei den Teilnehmern nicht die höchste Priorität. Aus der gleichen Erhebung geht allerdings auch hervor, dass Seminarteilnehmer stark die Ansicht vertreten, dass die Inhalte von Weiterbildungsveranstaltungen nicht gut ausgewählt waren und man sich besser auf die unternehmerische Situation bezogene Inhalte gewünscht hätte. Hier besteht wahrscheinlich Lernbedarf auf beiden Seiten, um zu besserer Mitbestimmung und zu besseren Weiterbildungsmaßnahmen in sogenannten »offenen Formaten« zu kommen.

Offene Formate bedeutet, es gibt ein Ausrichtungskonzept für Bildungsmaßnamen, allerdings noch keine Inhalte, diese werden im Maßnahmenverlauf von den Teilnehmern selbst entschieden. Sie sind also selbst gesteuert, weniger formell und gar nicht linearstrukturiert (vgl. das Trainingsbeispiel LOOP im zweiten Teil dieses Buches, Kap. 21). Wir stellen in unseren Weiterbildungsveranstaltungen fest, dass besonders Teilnehmer mit akademischen Abschlüssen das linearstrukturierte fremdgesteuerte Lernen vermissen, weil sie das von ihrem Studium her gewohnt sind. Es ist manchmal ganz schwierig, bei ihnen eine Einstellungsänderung zu bewirken. Selbstgesteuertes Lernen leistet aber einen wichtigen Beitrag zur Kompetenzentwicklung. In den letzten Jahren entwickelt sich deshalb das sogenannte Corporate Learning, dass sich auch über Massive Open Online Courses (MOOC) stark verbreitet und durch diese angeschoben wird. Beim Corporate Learning geht es um völlig selbst gesteuerte Lerngruppen, die sich zu bestimmten Themen austauschen. Corporate Learning trägt insofern zur Kompetenzenentwicklung bei, weil nicht nur Fakten, sondern auch Werte und Emotionen bei der Entwicklung von Kompetenzen eine Rolle spielen, denn ohne die entsprechende innere Haltung wird die Entwicklung bestimmter Kompetenzen nicht stattfinden.

Corporate Learning trägt dazu bei, dass sich die Werte, Emotionen, Deutungsmuster und Handlungsmuster des Einzelnen denen in der Gruppe anpassen, dass durch die Diskussion in den Lerngruppen neue Einsichten, Erkenntnisse und Werte entstehen. Corporate Learning kann online oder in Präsenzveranstaltungen, sogenannten Barcamps, stattfinden. Die Online-Variante bietet die Möglichkeit, sich mit allen möglichen Personen und Personenkreisen weltweit jederzeit auszutauschen. Der Online-Austausch kann asynchron über Plattformen oder aber synchron über Kollaborationsserver oder beispielsweise auch über sehr einfache Videochats wie Skype-Business oder WhatsApp erfolgen.

Wichtig ist hierbei die Regelmäßigkeit, das ernste Interesse der Teilnehmer und die Selbstreflexion. Corporate Learning kann auf Dauer Kompetenzentwicklung sehr gut unterstützen und kann heute als einer der wichtigsten Bausteine für

de Zukunft des Lernens betrachtet werden. Auch in klassischen Präsenzseminaren sind Pausengespräche oft Randerscheinungen, die ähnliche Wirkung wie Corporate Learning erzielen. In manchen Seminaren nehmen die Teilnehmer aus den
Pausengesprächen mehr mit als aus dem Seminar selbst. Doch auch im Rahmen
von komplexen Weiterbildungsprogrammen bietet sich Corporate Learning an
und wird von den Teilnehmern äußerst positiv bewertet.

BEISPIEL

Unsere Teilnehmer an den Blended-Learning-Kursen zum Berufspädagogen/
zur Berufspädagogin IHK organisieren sich während der Fortbildung in unterschiedlichen Medien in Sachen Corporate Learning. Dieser selbst organisierte
Teil der Fortbildung dient dem beruflichen Austausch und der Vorbereitung auf
die Prüfung. Die Gruppen werden von den Teilnehmern hochgeschätzt und
es wird neu hinzukommenden Teilnehmern empfohlen, eine Lerngruppe aufzubauen oder an einer bestehenden Gruppe teilzunehmen. Der Nutzen von
Corporate Learning wird anscheinend oft erst während des Tuns erkannt und
ausgebaut. Interessant ist, dass Teilnehmer die Gruppen über die Fortbildungs-
dauer hinaus beibehalten. Verkaufsmitarbeiter erzählen mir oft, dass sie ja das
schon tun, indem sie sich mit anderen Verkaufsmitarbeitern telefonisch austauschen, was aber nicht das Gleiche ist. Corporate Learning hat klare Zielsetzungen, die sich die Teilnehmer selbst geben und die es zu erreichen gilt.
Austauschgespräche mit anderen Verkaufsmitarbeiter dagegen sind selten mit
Zielsetzungen verknüpft und haben deshalb zwar einen Lerneffekt, aber keine
klare Aussichtung.

Wenn die Veränderungsgeschwindigkeit in dieser Welt weiter zunimmt und die
Menschen ständig vor neue Herausforderungen gestellt sind, wird Kompetenzentwicklung immer wichtiger und damit verbunden Corporate Learning. Man versteht darunter eine neue, selbst gesteuerte Art des Lernens, die von den meisten
Menschen erst erlernt werden muss. Und damit ist auch das Wesen von Corporate
Learning schon erklärt. Es ist eine Form des Lernens, bei der Lernen und Arbeiten
nah und untrennbar zusammengebracht werden. Dazu gehört auch das Arbeiten
in Projekten. Beim Corporate Learning ist es durchaus denkbar und möglich, not-
wendiges Wissen aus verschiedenen Gruppen, denen ein Teilnehmer angehört,
zu beschaffen.

Einer der ersten Ansätze zum Thema Corporate Learning war das sogenannte
Koping-Konzept. Koping steht für »**Ko**mmunikative **P**raxisbewältigung **in G**rup-
pen« und ist ein Verfahren, das sich besonders dazu eignet, den Transfer neuen
Wissens in die Praxis einzuleiten. Koping unterstützt sozusagen den Weg vom

Wissen zum Handeln. Hierzu werden Lerntridems eingerichtet, die sich z. B. während eines Fortbildungsprogrammes austauschen und sich gegenseitig helfen, Neuerlerntes anzuwenden. Während in der Vergangenheit Koping in Arbeitsgruppensitzungen vor Ort zur Anwendung kam, sind in den letzten Jahren auch Konzepte zur Online-Nutzung von Koping entstanden.

Die neuen Möglichkeiten der Kommunikation wie z. B. Livechats mit mehreren Personen macht die Nutzung von Koping zu einer einfach durchzuführenden und spannenden Lernmöglichkeit.

Wissen soll dann verfügbar sein, wenn man es braucht. Hat man früher versucht, auf Vorrat zu lernen, so weiß man heute, dass das nicht mehr möglich ist. Stattdessen etablieren sich, neben Koping, Systeme nach dem Prinzip »Learning on the fly«. Wenn bestimmtes Wissen in einer konkreten Situation notwendig wird, kann dies sofort über Systeme des Corporate Learning beschafft werden. Es liegt schon fast auf der Hand, dass die Beschaffung dieses Wissens über das Netz erfolgen muss. Mit anderen Worten, im Bereich des Corporate Learning wird E-Learning zum unverzichtbaren Element. Corporate Learning ist nicht aufzuhalten, weil es zur Meisterung neuer, bisher unbekannter Herausforderungen immer essenzieller wird.

Das bedeutet, wenn E-Learning zum unverzichtbaren Bestandteil des Corporate Learning wird und Corporate Learning zum unverzichtbaren Bestandteil des Lernens selbst, dann ist E-Learning aus dem Lerngeschehen nicht mehr wegzudenken. Besonders wichtig ist E-Learning in der Zukunft dort, wo es heute noch weitgehend für ungeeignet gehalten wird, im Vertrieb. In der Vertriebsarbeit dominieren nicht nur unternehmensinterne Faktoren das Geschehen und die Entwicklung, sondern auch externe Elemente wie Märkte, Kunden und Mitbewerber. Vertriebsorganisationen sollten hier sehr bald damit beginnen, Lernen

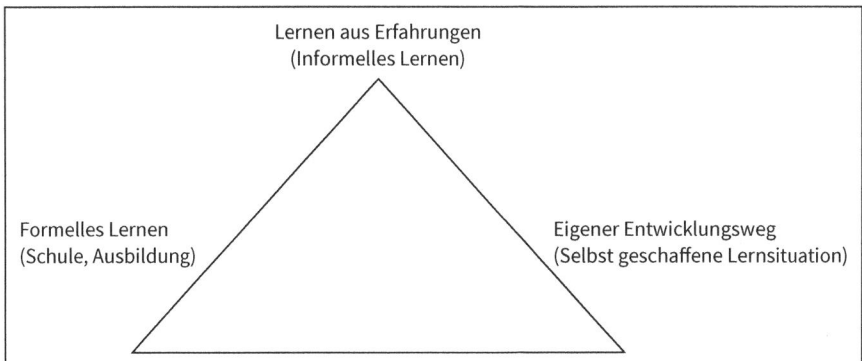

Abb. 16: Lerndreieck nach van Houten

selbst gesteuerter zu gestalten und Wege zum Corporate Learning zu unterstützen. Da diese Lernstrategien bisher nur in wenigen Unternehmen umgesetzt werden, ließe sich derzeit noch ein klarer Wettbewerbsvorteil durch deren Nutzung erzielen.

10   Wie Kompetenzentwicklung in der Praxis funktioniert

Bei der Entwicklung von Kompetenzen ist entscheidend, dass die Teilnehmer selbst Lösungen entwickeln (selbst entdeckendes Lernen), diese auf Machbarkeit prüfen und in der Praxis anwenden. Die in Abbildung 16 dargestellte Form der selbst geschaffenen Lernsituation spielt hierbei eine ausgesprochen wichtige Rolle und unterstreicht die Bedeutung des selbst gesteuerten Lernens bei der Zielsetzung, Kompetenzen zu entwickeln. Der Trainer als primärer Inputgeber wird hier nicht gebraucht, er wird vielmehr zum Lernbegleiter, der moderiert, den Rahmen steckt und für die Erreichung der Zielsetzungen sorgt sowie Ergebnisse mit den Teilnehmern auf Praxistauglichkeit prüft. Das muss nicht unbedingt in Form eines Präsenzseminars geschehen, sondern kann auch in anderen Lernumfeldern stattfinden, z. B. direkt in der Arbeit (arbeitsintegriertes Lernen). Auch hier betonen viele Trainer: »Das machen wir doch schon lange, wir begleiten die Verkäufer beim Telefonieren und bei Kundenbesuchen«.

Das ist in der Tat so, aber dennoch will der Trainer gerne das vorher im Seminar vermittelte Wissen nach seinen Vorstellungen vom Verkäufer, den er begleitet, umgesetzt sehen. Der Kompetenzbildung dient diese Vorgehensweise deshalb nicht.

In der Verkaufspraxis geht es nämlich weniger darum, etwas nachzumachen, und wenn, dann kann der Verkäufer das in der Regel schon. Es geht darum, für eine auftretende Problemstellung, die sich meist nach einer Veränderung ergeben hat, eine gute Lösung zu finden. Dabei helfen vom Trainer vorgegebene Lösungen nicht, weil sie von geringem Situationsbezug sind und sich in neuen, vielleicht sogar bisher unbekannten Situationen nicht eignen. Außerdem wird bei dem Vorgehen »vormachen – nachmachen« die Tatsache missachtet, dass Menschen ihr Wissen und besonders ihr Können nur selbst konstruieren können. Deshalb gibt es keine Gewähr dafür, dass der Lernende vorgetragene Lösungen von dem lehrenden Trainer bedingungslos übernimmt. Nicht selten fällt der Verkäufer sofort nach Abreise des Trainers in seinen alten Trott und in seine alten Gewohnheiten zurück oder führt das Erlernte unter anderen Vorzeichen aus.

Bei jeglicher Art der Weiterbildung sind also zwei grundlegende Dinge wichtig, ohne die Kompetenzentwicklung nicht stattfinden kann.

1. **Kurze Transferstrecke:** Es gilt die Regel, je kürzer die Transferstrecke in die Praxis, umso wahrscheinlicher der Lernerfolg. Nach einem auf Wissensvermittlung ausgerichteten Seminar ist die Transferstrecke lang. Die Teilnehmer müssen selbst aus Wissen Können generieren und anschließend lernen, dieses in den unterschiedlichsten Praxissituationen gezielt anwenden. Das gelingt in der Regel nur zu einem sehr geringen Prozentsatz, der deutlich unter 10 % liegt. Das Vorgetragene wird schnell vergessen. Schon nach wenigen Stunden können die Teilnehmer in der Regel nur noch einen geringen Anteil des vorgetragenen Wissens wiedergeben. Eines der wichtigsten Dinge ist es deshalb, die Transferstrecke zwischen Wissen und Können so kurz wie möglich zu halten und den Transfer zusätzlich zu flankieren, wie es z. B. anhand des Koping-Konzepts vorgestellt wurde. Damit steigt die Wahrscheinlichkeit, dass Erlerntes auch wirklich in die Praxis umgesetzt werden kann. Der Transfer des Erlernten in die Praxis oder in die Anwendungssituation scheint heute den Weiterbildungsexperten immer noch das größte Nadelöhr bei der Weiterbildung.

   Deshalb sollte ein gewisser Fokus auch immer auf den Lerntransfer gelegt werden. Neben flankierenden Transfermaßnahmen sind allerdings, wenn der Transfer gut gelingen soll, zwei Dinge von hoher Wichtigkeit: zum einen das bessere Zusammenbringen von Arbeiten und Lernen (arbeitsintegriertes Lernen) und zum anderen ein hoher Selbststeuerungsgrad des Lernens.

2. **Akzeptanz des Erlernten:** Jeder Verkäufer, der schon über Erfahrungen im Verkauf verfügt, hat seine eigenen Vorstellungen (Deutungs-, Emotions- und Handlungsmuster), nach denen er handelt. Dieses Wissen hat er im Laufe seiner Verkaufspraxis selbst konstruiert und zwar so, dass ihm sein Handeln plausibel erscheint und dass es in seine Welt, die ihn umgibt, gut hineinpasst. Würde er jedes neue Wissen, das ihm irgendein Trainer vorschlägt, übernehmen, würde das sehr bald sein konstruiertes Bild von der Welt zerstören. Seine selbst geschaffenen Deutungs- und Handlungsmuster lassen sich nicht einfach mit beliebigem neuem Wissen, das sich ein Trainer ausgedacht hat, vom Tisch wischen. Oft wird von Weiterbildungsentscheidern fälschlicherweise angenommen, dass das vom Trainer Ausgedachte und Vorgetragene als der Weisheit letzter Schluss von den Teilnehmern übernommen wird. Dem ist aber nicht so, weil es beispielsweise nicht in die Erlebenswelt des Teilnehmers selbst passt. Aus diesem Grund wird sehr viel des in Verkaufstrainings vermittelten Wissens nicht von den Teilnehmern angenommen und schnell wieder vergessen. Es sind wesentlich weniger Inhalte, die akzeptiert werden, als man denkt, und es kommt hinzu, dass eine lange Transferstrecke vom Seminar in

die Praxis das Umsetzen und Beibehalten des Wenigen, was übernommen wurde, behindert und reduziert.

Kompetenzen können daher nicht vermittelt werden, sie können nur durch selbst entdeckendes Lernen entwickelt werden, indem die Teilnehmer in gemeinsamer Diskussion eigene Lösungsvorschläge für konkrete Praxisprobleme erarbeiten. So entsteht eine Wissenskonstruktion mit einer hohen Nachhaltigkeit bei den meisten Teilnehmern.

Je näher die Problemstellungen sich an der Praxis der Teilnehmer orientieren, um so kürzer ist die Transferstrecke in die Praxis und umso höher sind die Bereitschaft und die Motivation, die erarbeiteten Lösungen in der Praxis umzusetzen. Am Besten und für die Kompetenzentwicklung sehr sinnvoll, erweist sich das Lernen bei der Arbeit selbst, wenn wir selbst erfahren können, dass wir gelernt haben, weil wir Dinge jetzt können. Um es mit Diethelm Wahl zu sagen: »Handeln kann man nur handelnd erlernen« (Wahl 2013). Wenn ich mit Trainern diskutiere, dann kommt oft der Hinweis, dass sie mit ihren Teilnehmern nach Wissensvermittlung das Vermittelte anwenden und üben. Diese Vorgehensweise, die zwar der Kategorie Handlungslernen zugeordnet werden kann, dient allerdings nicht der Kompetenzentwicklung.

Es ist und bleibt Wissensvermittlung, bei der das vermittelte Wissen auch in Übungen Anwendung findet. Dennoch handelt es sich um Vorgedachtes des Trainers und nicht um Selbstgedachtes der Teilnehmer. Das bedeutet, der Teilnehmer nimmt zwar an den Übungen teil, setzt das aber später nicht in die eigene Praxis um, weil die eigenen Deutungsmuster dagegensprechen. Nur wenn Selbstgedachtes der Teilnehmer gefordert ist und Anwendung findet, ist damit zu rechnen, dass es auch in der Praxis zur Anwendung kommt und damit erst Kompetenzentwicklung ermöglicht. Vormachen plus üben und selbst erarbeiten plus üben liegen zwar ziemlich nah beieinander, jedoch ist der Unterschied in Hinblick auf die Lernleistung und die Auswirkung auf die Kompetenzentwicklung sehr groß.

11   Warum Kompetenzentwicklung das Bildungsziel sein muss

Wenn Sie Verkaufsführungskräfte befragen, worin das Bildungsziel einer Fortbildungsmaßnahme besteht, gibt es da oftmals keine klaren Vorstellungen: »Sie sollen lernen, besser zu verkaufen«, ist eine häufige Antwort.

Aber was heißt das, besser zu verkaufen? Verkaufen ist ein Prozess, der in unterschiedlichen Branchen und unterschiedlichen Unternehmen ganz unterschiedlich verläuft. Die Zielsetzung der Weiterbildung ist abhängig von der strategischen Ausrichtung des Unternehmens. Manchmal kann es schon ein Erfolg sein, den Marktanteil zu halten, weil zusätzliche Mitbewerber massiv im Markt auftreten. In anderen Fällen soll der Marktanteil gesteigert werden.

BEISPIEL

Als Anfang des 21. Jahrhunderts die Warner Lambert Company die Firma Wilkinson in Solingen übernahm, hatte Gillette als Marktführer ein Problem, weil Wilkinson mit ganz massiven Aktionen die Marktführerschaft von Gillette angriff. Das Ziel von Gillette war es plötzlich nicht mehr, Marktanteile zu erhöhen, sondern vielmehr, die bereits verlorenen Marktanteile wieder zurückzugewinnen. Hierzu wurde ein spezielles Trainingsprogramm entwickelt, das es neben anderen Marketingmaßnahmen ermöglichen sollte, das ursprüngliche Marktanteilsverhältnis 60:40 wiederherzustellen. Mit einem Schulungsprogramm, das zum Ziel gehabt hätte, die Verkäufer sollen lernen, besser zu verkaufen, wäre das wahrscheinlich nicht gelungen. Auch ein Training mit vorgegebenen Trainerinhalten hätte wenig Erfolg gebracht. Durch ein Trainingsprogramm, in dem die Teilnehmer lernten, selbst Lösungen für die anstehende Problematik bei den einzelnen Kunden zu entwickeln, war der Umsetzungsgrad (Praxistransfer) sehr hoch und es konnten schon nach kurzer Zeit Marktanteile zurückgewonnen werden.

Das Bildungsziel für ein Verkaufstraining muss sich demzufolge an der strategischen Unternehmenszielsetzung ausrichten. Das geschieht in der Praxis viel zu selten. Erhebungen hierzu, die allerdings schon etwa 10 Jahre alt sind, weisen aus, dass nur knapp 20 % der Unternehmen ihre Weiterbildungsziele im Vertrieb an den strategischen Unternehmenszielen festgemacht hatten. Aber erst, wenn eine klare an der Unternehmenszielsetzung orientierte Trainingszielsetzung besteht, kann ein sinnvolles, effizientes und nachhaltiges Trainingsprogramm entwickelt werden, mit dem ein hoher Umsetzungsgrad erreicht wird.

Das daraus resultierende Training muss handlungsaktiv erfolgen, das heißt, es enthält einen geringen Anteil an Vermittlungsdidaktik im klassischen Sinne und einen großen Anteil an Training in erarbeitender Form, bei dem Lösungsansätze von den Teilnehmern erarbeitet und nicht vom Trainer vorgedacht sind. Sehr bewusst spreche ich hier auch von Trainingsprogrammen. Ein einmaliges ein- bis zweitägiges Seminar, in welcher Form auch immer, ist kein Trainingsprozess und kein Trainingsprogramm. Es ist ein Trainingsprodukt, das nicht zu den gewünschten Erfolgen führen wird.»Ja, aber wir können doch nicht x Tage Seminare durchführen, da leidet doch unser Verkauf«, so ist oft die Argumentation von Trainingsentscheidern.

Ein Training, das aus nicht mehr als aus einem ein- bis zweitägigen Seminar besteht, führt allerdings selten zu irgendwelchen Erfolgen, die Inhalte werden nicht umgesetzt und werden schnell vergessen, nicht akzeptiert und nicht transferiert. Trainings ohne Erfolgsaussicht sollte man sich in der heutigen Zeit ersparen.

Lernen braucht Zeit, das ist eine alte Weisheit, die bis heute uneingeschränkt gilt. Ohne den entsprechenden Zeitkorridor können Bildungsziele nur ganz selten erreicht werden. Wer Verkaufstrainings in der heutigen Zeit ohne klare Bildungsziele durchführt und nur mal ein Seminar mit der Absicht »besser zu verkaufen« durchführt, sollte es sein lassen. Es wird und kann nicht zum Erfolg führen und Trainingsverantwortliche, die nur Alibitrainings veranstalten, nehmen das mit ihrer Verantwortlichkeit nicht wirklich ernst.

Die Bildungsziele für Verkaufstrainings liegen immer in der Zukunft. Es macht keinen Sinn, Ziele anzustreben, die in der Vergangenheit liegen. Was aber die Zukunft bringt, das wird immer unkalkulierbarer, weil der Wandel in der Gesellschaft und in der Wirtschaft immer schneller vonstatten geht. Zu Beginn des 21. Jahrhunderts haben Experten prognostiziert, dass sich in den kommenden 100 Jahren mehr verändern wird, als in der gesamten Zeit seit Christi Geburt. Das Ziel jeder Weiterbildung muss es sein, die Menschen auf die Veränderungen der Zukunft vorzubereiten und dafür zu sorgen, dass Sie mit den Veränderungen wirkungsvoll umgehen und diese meistern können. Wenn wir noch nicht wissen, was die Zukunft bringt und was sich verändert, wie soll dann aber ein Bildungsziel für die Zukunft bestimmt werden?

Bei der Verkaufsweiterbildung geht es deshalb nicht mehr darum, heutiges Wissen und heutige Erkenntnisse an Verkäufer zu vermitteln, es geht darum, die Fähigkeiten und die innere Haltung der Verkäufer dahingehend zu entwickeln, dass sie eigenständig neue Herausforderungen, welche die Zukunft mit sich bringt, annehmen und meistern können. Wenn das gelingt, erst dann können wir von Kompetenzentwicklung sprechen.

Verfügen Verkäufer nur über Wissen, dass aus der Vergangenheit resultiert, dann ist es in Zeiten schneller Veränderungen eher unwahrscheinlich, dass dieses erlernte Wissen in der Zukunft zu erfolgreichem Handeln führen kann. Das ist auch der Grund, weshalb Erfahrungswissen allein nicht mehr ausreichend ist, um die Zukunft zu meistern. Mit den Erfahrungen der Vergangenheit die Zukunft meistern zu wollen, ist vergleichbar mit dem Versuch, durch den Rückspielgel nach vorne zu schauen. Kompetenzen entwickeln heißt, eine Problemlösefähigkeit zu besitzen, aus der sich auch für künftige Probleme gute Lösungen finden lassen. In der bereits erwähnten Befragung 2016 wollte man auch von den befragten Verkäufern wissen, ob sie die bisher gemachten Erfahrungen für ausreichend halten, um die Zukunft meistern zu können. Hierbei wurde wieder unterschieden zwischen Verkäufern aus der ersten und aus der zweiten Berufshälfte.

Erstaunlich ist, dass ein großer Teil der befragten Verkaufsmitarbeiter die Ansicht vertrat, sie könnten mit dem bisher erworbenen Erfahrungswissen in der Zukunft zurechtkommen (vgl. Abb. 11). Dass es einen signifikanten Unterschied zwischen Verkäufern der ersten und der zweiten Berufshälfte gibt, verwundert nicht sonderlich. Wie neue Überlegungen und auf Zukunft ausgerichtete Lösungen zu mehr Verkaufserfolg führen können, soll mit dem folgenden Beispiel dargestellt werden.

BEISPIEL

Die Investition in eine Abfüllanlage
Vor meiner Zeit als Geschäftsführer der BEST Bildungs-GmbH gehörte ich als Vertriebs- und Marketingleiter dem Leitungsteam eines Unternehmens an, das sich mit der Abfüllung von Ampullen für die Pharmaindustrie beschäftigte. Das Unternehmen gehörte zu den Marktführern in Deutschland und konnte ein kontinuierliches Wachstum aufweisen. Zu etwa 80 % wurden 2-ml-Ampullen abgefüllt. Bei Abfüllung von 3-ml-Ampullen wurden die bestehenden Anlagen umgerüstet. Die 3-ml-Ampullen brachten auf den bestehenden Anlagen verständlicherweise einen deutlich geringeren Tagesausstoß als das bei 2-ml-Ampullen der Fall war. So konnten auf einer Anlage pro Tag 200.000 Ampullen der Größe 2 ml und etwa 80.000 Ampullen der Größe 3 ml gefertigt werden. Nun stand die Anschaffung einer weiteren Fertigungsanlage an. Aufgrund der

Gegebenheiten war für alle bei der Beschaffung Mitwirkenden klar, dass es sich bei der neuen Investition wieder um eine 2-ml-Anlage handeln müsse. Aufgrund einer Anregung durch einen Verkaufsmitarbeiter eines Herstellers kam die Überlegung, eine spezielle Anlage für 3-ml-Ampullen anzuschaffen. Hierzu war der Versuch, in die Zukunft zu blicken, notwendig. Wie würde sich der Markt für 3-ml-Ampullen entwickeln? Der Gedanke war schon reizvoll, nicht mehr umrüsten zu müssen. Alle 2-ml-Anlagen von der 3-ml-Produktion zu befreien, war nicht nur mit Kosteneinsparungen verbunden, sondern auch mit dem höheren Output auf den 2-ml-Anlagen. Bei diesen Überlegungen und einer genauen Marktrecherche wurde nun festgestellt, dass das Unternehmen bisher an dem Markt der 3-ml-Ampullen vorbeigelaufen war. Während das Unternehmen nur 20 % der Produktion in 3-ml-Ampullen abfüllte, hatte sich der Markt längst zugunsten der 3-ml-Ampullen entwickelt. Im Gesamtmarkt betrug der Anteil der 3-ml-Ampulle über 35 %. Selbst hatte man aber nur wenig von dem 3-ml-Ampullenmarkt profitieren können, weil die Produktionsbedingungen ungünstig und damit die Preise für die 3-ml-Ampullen höher waren als die der Wettbewerber. Die Entscheidung war deshalb gegen einige skeptische Stimmen im Leitungskreis zugunsten der 3-ml-Anlage gefallen. Die Entscheidung fiel auf eine Hochleistungsanlage, mit der pro Tag 160.000 Ampullen mit 3 ml gefertigt werden konnten. Es war zu der Zeit die einzige Anlage in Deutschland mit dieser Tagesproduktion. Damit verbunden war eine völlig neue Kostensituation, und die Möglichkeit, Angebote zu niedrigeren Preisen abzugeben, wurde genutzt. Innerhalb von zwei Jahren war die neue Anlage zu 90 % ausgelastet, ohne dass Engpässe auf den anderen Anlagen entstanden. Übrigens hat der Verkaufsmitarbeiter, der die Idee einbrachte, die Maschine auch verkauft und es wurden keine anderen Angebote für 3-ml-Anlagen mehr eingeholt. Der besagte Verkaufsmitarbeiter hatte das anstehende Problem besser gelöst als alle seine Mitstreiter.

Es ist absehbar, dass in der Zukunft durch die vielschichtigen Veränderungen der Märkte, der Kunden, der Mitbewerber und des eigenen Unternehmens immer mehr neue Herausforderung auf Verkäufer zukommen, die einer hohen und zukunftsweisenden Problemlösung bedürfen. Die Ausprägung der Problemlösefähigkeit wird deshalb einen ständig steigenden Anteil am Erfolg eines Verkäufers haben. Das ist ein wichtiger Grund dafür, dass künftige Weiterbildung im Verkauf kompetenzentwickelnd und nicht mehr wissensvermittelnd sein sollte, besonders im Hinblick auf die agile Transformation, die schon jetzt stattfindet und sich in Zukunft noch schneller drehen wird. Die Ausrichtung des Verkaufes auf die Zukunft und aller damit verbundenen Zusammenhänge führt schnell zu Überlegungen, welche Rolle der Mitarbeiterführung dabei zukommt.

12 Mitarbeiterführung und Kompetenzentwicklung

Wenn ein Unternehmen heute die Entscheidung treffen würde, seine Verkaufsmitarbeiter nachhaltig weiterzuentwickeln und dazu kompetenzentwickelnde Weiterbildung anstreben würde, um diesbezüglich gegenüber dem Wettbewerb im Vorteil zu sein, dann wären natürlich auch andere Maßnahmen im Unternehmen notwendig, bevor die Mission Kompetenzentwicklung so richtig ins Rollen kommen könnte. Es wurde bereits an anderer Stelle angesprochen, dass es dafür in aller Regel auch einer Entwicklung der Lernkultur im Unternehmen bedarf, die wiederum mit der Entwicklung der Führungskultur einhergeht.

Lern- und Führungskultur müssen so gestaltet sein, dass Kompetenzentwicklung überhaupt erst ermöglicht wird. Wenn sich Unternehmen permanent in einem agilen Transformationsprozess bewegen, dann unterstützt kompetenzentwickelnde Weiterbildung der Mitarbeiter diesen Prozess, weil es viel besser gelingt, mit neuen Herausforderungen, die der Markt stellt, umzugehen und kreative Lösungen für bisher nicht dagewesene Probleme zu entwickeln.

Dementsprechend muss sich die Führungskultur im Unternehmen stärker auf die Bewältigung künftiger Probleme ausrichten. Um das zu erreichen, bedarf es einer neuen Führungsphilosophie, die sich von klassischen Führungsinstrumentarien wie z. B. Management by Exeption weitgehend abwendet, um die neu erworbenen Kompetenzen der Mitarbeiter wirken zu lassen. Das von Baas 1985 entwickelte Führungsschema der transformationalen Führung stellt eine Möglichkeit dar, die Lern- und Führungskultur so zu gestalten, dass Kompetenzentwicklung der Verkaufsmitarbeiter möglich wird. Das aus vier Bereichen bestehende Führungsmodell führt auf Dauer, bei konsequenter Umsetzung, zu besseren ökonomischen Ergebnissen im Vertrieb, wie zahlreiche Studien aus den USA belegen. Die vier von Baas und Avilio (2005) benannten Bereiche der transformationalen Führung sind:

- **Führen durch Vorbild** – Vertrauensvolle und inspirierende Führung, die Respekt, Anerkennung und Vertrauen schafft
- **Innovationsförderung** – Mitarbeiter zur Innovation und für künftige Ziele inspirieren und Changeprozesse wirkungsvoll gestalten

- **Mitarbeiterentwicklung** – Hohes Augenmerk auf die Weiterentwicklung der Mitarbeiter
- **Führung von der Zukunft her** – Die Mitarbeiterführung zukunftsbezogen ausrichten, um gemeinsam die Zukunft zu gestalten.

Wenn wir mit Unternehmen über transformationale Führung sprechen, dann ist die Antwort meist: »Das machen wir doch schon«. Bei näherer Betrachtung ist jedoch die Führung in der Praxis noch weit davon entfernt. Eine Internetrecherche der BEST Bildungs-GmbH 2018, bei der offen angebotene Führungstrainings inhaltlich untersucht wurden, ergab, dass bei insgesamt 50 Trainingsangeboten gerade einmal zwei Angebote Elemente der transformationalen Führung enthielten. Es gibt deshalb kaum einen Anhaltspunkt dafür, dass transformationale Führung in Führungstrainings angewendet wird. Kompetenzentwicklung im Vertrieb wird auch von der Führungsseite kaum praktiziert und von Trainingsinstituten kaum angeboten. Neben konstruktivistischem Lernen ist aber eben auch die transformational ausgerichtete Mitarbeiterführung ein wichtiger Bestandteil der Kompetenzentwicklung im Vertrieb.

Deshalb ist im dritten Teil dieses Buches beschrieben, wie ein Training zur Entwicklung der transformationalen Führung gestaltet werden kann und welche Elemente in einem solchen Training enthalten sein sollten.

Die Frage, die sich in diesem Zusammenhang stellt, ist: Muss zunächst für die kompetenzbildende Mitarbeiterentwicklung das ganze System der Führung und der Mitarbeiterschulung verändert werden, bevor mit Kompetenzentwicklung der Mitarbeiter begonnen werden kann, oder kann ohne große vorherige Systemveränderungen die Weiterentwicklung der Vertriebsmitarbeiter in Richtung Kompetenzentwicklung erfolgen? Diese Frage beantwortet das folgende Kapitel.

13 Welche Voraussetzungen müssen für die Entwicklung von Kompetenzen gegeben sein

Kompetenzen können nicht gelehrt und auch nicht vermittelt werden. Jeder Mensch verfügt über Kompetenzen in unterschiedlichen Bereichen. Diese haben sich vorrangig durch Erfahrungen, aber auch durch geeignete Trainings und durch arbeitsintegriertes Lernen gebildet. Kompetenzen sind Fähigkeiten, die gemeinsam mit der richtigen inneren Haltung dazu dienen, Lösungen für anstehende Probleme, aber auch in der Zukunft liegende Problemstellungen eigenständig zu meistern. Erfahrungen, die wir als Mensch machen, sind bei der Lösung von Problemen wichtig. Alle unsere Erfahrungen wurden allerdings in der Vergangenheit gemacht und eignen sich nicht unbedingt für die Lösung künftiger Problemstellungen und Herausforderungen. Deshalb ist es wichtig, Erfahrungen regelmäßig mit aktiven Lernsequenzen zu bereichern, mittels derer es gelingt, die vorhandenen Kompetenzen mit in die Zukunft zu nehmen, um die dort liegenden bisher nicht gekannten Herausforderungen zu meistern.

Die heutigen beruflichen und betrieblichen Weiterbildungsveranstaltungen finden noch immer in Seminarräumen statt, in denen vorrangig die Vermittlungsdidaktik in Form fremdgesteuerten Lernens stattfindet. Das bedeutet, der Trainer hat die Inhalte oft vorgeschlagen oder mit dem Auftraggeber des Trainings abgestimmt. Nun werden diese Inhalte zunächst mittels Powerpoint-Präsentationen vorgetragen. Die Teilnehmer nehmen dabei eine eher passive Rolle ein.

Die Inhalte sind den Deutungsmustern des Trainers entsprungen, sie geben seine Philosophie und seine Sicht der Dinge wieder. Das ist aber nur eine von vielen Sichtweisen, viele andere bleiben dabei unberücksichtigt. Nun wird von den Teilnehmern erwartet, dass sie die Lehre des Trainers bedingungslos übernehmen. Alle Übungen, die darauf folgen, sind darauf aufgebaut, das Vorgedachte des Trainers zu übernehmen. Eigene Sichtweisen, andere Lösungen, neue Gedanken der Teilnehmer etc. sind nicht vorgesehen. Es findet kein selbst entdeckendes Lernen statt. Wissen kann nicht eins zu eins wie ein Datenfile von einer Festplatte auf einen Stick übertragen werden. Wissen wird konstruiert, nicht transformiert. Nur wenn der Lerner die Möglichkeit erhält, Wissen selbst zu konstruieren, dann findet auch Lernen statt, das für die Kompetenzentwicklung von Bedeutung ist.

Jeder Mensch hat seine eigene Sichtweise der Dinge und seine eigenen Deutungs-, Emotions- und Handlungsmuster. Deutungsmuster beschreiben, wie Menschen Dinge wahrnehmen und deuten. Sie basieren auf Erfahrungen und reduzieren die Komplexität der Welt, sodass sie für den Einzelnen überschaubar wird. Deutungsmuster dienen dazu, in der Welt einigermaßen zufrieden existieren zu können. Nun treffen in einem vermittelnden Verkaufsseminar die Deutungsmuster des Trainers mit den sehr unterschiedlichen Deutungsmustern der Teilnehmer aufeinander. So wird verständlich, dass die Teilnehmer nicht ohne Weiteres die Deutungsmuster des Trainers übernehmen, denn das könnte das Selbstkonzept des Einzelnen stark ins Wanken bringen.

> **BEISPIEL**
>
> Der Trainer stellt dar, dass am Anfang eines Verkaufsgespräches unbedingt Fragetechniken angewendet werden müssen, um in Erfahrung zu bringen, was der Kunde braucht und will. Verkäufer Klaus hat das bisher nicht getan, sondern hat dem Kunden immer zu Gesprächsbeginn aufgezeigt, welche neuen Produkte und welche Aktionen er dem Kunden anbieten kann. Das hat auch ganz gut funktioniert, seine Verkaufsergebnisse können sich sehen lassen, im vergangenen Jahr hat er sogar mit auf dem Treppchen der Besten gestanden. Er wird deshalb den Teufel tun, etwas daran zu ändern, erst einmal Vorbehalte gegen die vom Trainer propagierte Verkaufsmethode hegen und so wie bisher weiterverfahren. An den nach dem Trainervortrag sich anschließenden Übungen zur Fragetechnik wird er teilnehmen, es aber wahrscheinlich nicht in seine tägliche Praxis transferieren. Seine innere Haltung, sprich seine Deutungsmuster, Emotionsmuster und Handlungsmuster hindern ihn daran, das vom Trainer propagierte zu übernehmen. Oder wie es Professor Rolf Arnold (2012) von der TU Kaiserslautern ausdrückt: »Der Mensch ist lernfähig, aber unbelehrbar.«

Kompetenzbildende Trainings sind deshalb nicht belehrend, sie sind so ausgerichtet, dass die Teilnehmer neue Möglichkeiten und Lösungen selbst entdecken, diese miteinander austauschen und diskutieren. So kann es besser zur Revision der vorhandenen Deutungsmuster und damit zur Anwendung von Neuerlerntem kommen. Wir sprechen in diesem Falle nicht mehr von Vermittlungsdidaktik, sondern von Aneignungsdidaktik oder von Ermöglichungsdidaktik. Der Trainer nimmt in diesen Trainings eine Rolle als Lernbegleiter ein, er vermeidet es, sein Vorgedachtes von den Teilnehmern bestätigen zu lassen, und klärt das von den

Teilnehmern Selbstgedachte in sogenannten Debriefings. Die Ergebnisse führt er zur Transferreife und dann in die Praxis. Transferreife ist in diesem Falle nicht gleichzusetzen mit dem Transfer selbst, sondern mit der Intention des Lerners, es wirklich in der Praxis anwenden zu wollen. Wenn die Stufe des Vornehmens fehlt, wird es nicht zu einem gelungenen Praxistransfer kommen. Dem Transfer in die Praxis gilt im kompetenzentwickelnden Training das besondere Augenmerk. Nur wenn dafür Sorge getragen wird, dass der Mitarbeiter Neuerlerntes auch wirklich in der Praxis anwenden kann und es auch beibehalten möchte, können wir von erfolgreichem Praxistransfer sprechen. Hier liegt ein wesentliches Problem in den heute praktizierten Weiterbildungsmaßnahmen, der Praxistransfer wird zu selten gut vorbereitet und begleitet und findet deshalb viel zu wenig statt. Für Rolf Arnold stellt der Praxistransfer daher das größte Problem in der heutigen betrieblichen Weiterbildung dar.

Es wird beispielsweise nur geringe Erfolge bringen, wenn man nach einem Seminar die Teilnehmer bittet, sich gegenseitig Briefchen zu schreiben, in denen sie daran erinnert werden sollen, dass sie doch einige Dinge aus dem letzten Seminar umsetzen wollten. Dieser Impuls richtet sich nicht an den Transfer selbst, sondern nur an die Intensionsbildung.

Wichtig für den Transfer in die Praxis, den die Kompetenzentwicklung unbedingt benötigt, ist die Begleitung des Lerners während der Transferphase und/ oder sogenannte flankierende Maßnahmen. Die Gestaltung des Transfers ist bei er Planung des Weiterbildungsprozesses mit einzubeziehen, ansonsten ist kein großer Umsetzungsgrad von der Weiterbildungsmaßnahme zu erwarten. Bei der Begleitung der Praxistransferphase ist unbedingt darauf zu achten, dass diese nach den Grundsätzen des selbst entdeckenden Lernens erfolgt und nicht nach den behavioristischen, vermittlungsdidaktischen Grundsätzen.

Modernere Ansätze, die Lernen und Arbeit miteinander verbinden und als neuere Methoden des arbeitsintegrierten Lernens zu verstehen sind, zeichnen sich meist durch eine höhere Transferleistung aus und sind damit deutlich erfolgreicher als klassische Maßnahmen. In der dualen Berufsausbildung werden diese Methoden immer beliebter und gehören in Großbetrieben längst zur Ausbildung dazu. Vieles daraus könnte man in den Bereich der Weiterbildung übernehmen und bei der Entwicklung von Vertriebsmitarbeitern bietet es sich besonders an. Wie es in der Praxis umgesetzt werden kann, wird im zweiten Teil dieses Buches genauer beschrieben.

Die Form der Ermöglichungsdidaktik erfordert andere Trainingsmethoden als die klassische Vermittlungsdidaktik. Ermöglichungsdidaktik erfolgt in der Form aktiven Handlungslernens. Hier erweisen sich Situationsaufgaben und reale Praxisfälle als geeignete Lernmedien. Für geeignete Praxisfälle wird in Lerngruppen nach Lösungen gesucht. Die entwickelten Lösungen erfordern dann die Umsetzung in die Praxis. Diese wird durch den Lernbegleiter unterstützt. Planspiele sind ebenfalls gängige Methoden im Rahmen der Ermöglichungsdidaktik, ebenso die Vergabe von Projektarbeiten an Einzelne oder an Teams. Auch Rollenspiele sind als Lernmethode geeignet, allerdings nur dann, wenn nicht ein bestimmtes vorgedachtes Ergebnis erwartet wird. Es lässt sich generell feststellen, dass Kompetenzentwicklung umso wirkungsvoller wird, je näher die Maßnahmen an die tägliche Praxis und deren aktuelle Problemstellungen heranrücken.

14 Warum klassische Trainings keine Kompetenzen entwickeln

Klassisch durchgeführte Verkaufstrainings sind in den meisten Fällen so angelegt, dass in Kurzzeitseminaren durch einen Trainer (extern oder intern) vermitteltes Lernen, sprich vom Trainer vorgedachte Inhalte vorgetragen werden, die dann auch in den Gruppenarbeiten oder Rollenspielen eingeübt werden. Die meisten Trainer sprechen in diesem Zusammenhang auch von Verhaltensänderung, was ich für sehr bedenklich halte. Bedenklich deshalb, weil ein Trainer zu wissen glaubt, wie er das Verhalten von Menschen verändern muss, damit diese erfolgreicher verkaufen können, weil er glaubt, dass Verhaltensmodifikation innerhalb von zwei Tagen zu erreichen sei und ein Teilnehmer an einem Tag für die Zukunft gerüstet werden kann und weil er glaubt, dass eine von ihm geplante Verhaltensveränderung gleichzusetzen ist mit Kompetenzentwicklung.

Da die Dauer der Maßnahmen für Verkaufstrainings seitens der Unternehmen immer kürzer wird, in der kürzeren Zeit aber möglichst die gleichen Lerninhalte besprochen werden sollen, steigt der Anteil der Vermittlungsdidaktik in Verkaufstrainings ständig an und geht zu Lasten von Übungen, Rollenspielen etc. Die Verkürzung von Trainingszeiten bewirkt somit nicht eine höhere Effektivität, wie ursprünglich gedacht, sondern eine sinkende Effizienz, weil weniger vom Training bei den Teilnehmern hängen bleibt und weniger in der Praxis umgesetzt wird.

Das wurde auch in einer Studie der Stiftung Warentest 2013 festgestellt und bemängelt. In dem dort aufgeführten Beispiel eines offenen Verkaufstrainings, bei dem laut Ausschreibung alle Teilnehmer am Rollenspiel teilnehmen sollten, wurde insgesamt nur ein Rollenspiel durchgeführt. Die verbleibenden 14 Teilnehmer gingen ohne das angekündigte Rollenspiel nach Hause.

Darüber hinaus sind die Inhalte solcher Trainings immer noch stark fremdbestimmt und meist nur vom Weiterbildungsentscheider mit dem Trainer abgestimmt. Die Teilnehmer selbst haben kaum Einfluss auf die Inhalte des Trainings, dies wird umso extremer, je kürzer Verkaufstrainings dauern.

Die Auswahl der Trainer erfolgt zudem sehr subjektiv, weil viele Trainingsentscheider, wie Professor Jens Rowold von der TU Dortmund 2011 feststellte, nicht wissen, was gute Weiterbildung ist. Wenn man sich landauf, landab anschaut, wie Verkaufstrainings gestaltet und durchgeführt werden, dann kann man Rowold nur beipflichten. Es wird viel Geld investiert, ohne eine einigermaßen adäquate Leistung dafür zu erhalten. Deshalb wird das Ergebnis oder der Outcome in ganz vielen Fällen auch gar nicht gemessen, man hofft eigentlich nur darauf, dass sich die Weiterbildungsmaßnahme schon gelohnt haben wird und wenn nicht, dann hat sie zumindest nicht geschadet.

Bei der Auswahl von externen Trainern ist es vielen Entscheidern in Unternehmen, in erster Linie Vertriebsführungskräften, nicht bewusst, dass im Markt sehr bekannte Trainer zwar viel von Selbstmarketing verstehen und oft eine Agentur zur Seite haben, die ihr Image und ihren Bekanntheitsgrad fördert und pflegt. Bekannte Verkaufstrainer gehören zudem in vielen Fällen der Speakerszene an, weil Vorträge vor großen Gruppen das Image und den Bekanntheitsgrad am stärksten fördern. Diese Vorträge sind von guter Weiterbildung oder gar von Kompetenzentwicklung jedoch meilenweit entfernt. Die Trainer geben meist nichts anderes als Handlungsempfehlungen, die in erster Linie die Sichtweise des Trainers widerspiegeln und meist nicht wissenschaftlich begründet sind. Demzufolge wird hier auch kein Wissen selbst konstruiert. Das Vorgetragene wird schnell wieder vergessen, es kommt nicht zur Anwendung und nicht zum Transfer in die Praxis.

Experten der Erwachsenenbildung schätzen, dass der Umsetzungsgrad der vermittelten Inhalte in die Praxis solcher Veranstaltungen unter 3 % liegt. Kompetenzentwicklung kann hier nicht stattfinden. Stiftung Warentest (2006) hat mit dem Artikel »Titel, Thesen, Tunichtgute« darauf hingewiesen, dass jenes, was von den selbst ernannten Großmeistern abgeliefert wird, eher flach und wertlos ist. So beurteilt der Experte der Stiftung Warentest die Beiträge einiger Speaker als »unbedeutend und ohne Erkenntnisgewinn«. Das Treiben eines Speakers wurde sogar als »unseriös« bezeichnet.

Das Interessante ist, dass Unternehmen für Trainings durch Speaker und deren Gefolgetrainer trotz der schlechten Lernerfolge, die in solchen Trainings erzielt werden, oft viel höhere Preise bezahlen, als für Trainer, die seriöse und gute Bildungsarbeit abliefern. Führungskräfte geben oft zur Antwort: »Wir schicken unsere Leute wegen der Motivation dorthin. Sie kommen hochmotiviert zurück.« Die durch Speaker extrinsisch angeregte Motivation kann jedoch nur von sehr kurzer Dauer sein und erweist sich als Strohfeuer. Die Umsetzung bleibt in den allermeisten Fällen in der Handlungsabsicht stecken und kommt erst gar nicht zur Handlungsausführung.

15 Warum das mit der Motivation oft ein Irrtum ist

Spätestens mit Veröffentlichung der Selbstbestimmungstheorie der Motivation von Deci und Ryan (Deci/Ryan 1992) ist klar, dass effektives Lernen auf intrinsische Motivation angewiesen ist und nicht auf extrinsisch angeregte Motivation. Intrinsische Motivation für das Lernen entsteht vorrangig durch Selbstbestimmung und durch das Erleben von Autonomie im Lernprozess. Selbstbestimmung und Autonomieerleben ist jedoch bei klassischen Verkaufsseminaren der vermittlungsdidaktischen Art und bei Speakervorträgen gar nicht gegeben. Wenn die Selbstbestimmung völlig fehlt, ist aber ein intrinsisch motiviertes Lernen eher unwahrscheinlich. Oftmals werden die Begrifflichkeiten Motivation und Volition im Zusammenhang mit Weiterbildung nicht voneinander unterschieden und das, was eigentlich volitionale Prozesse sind, wird der Motivation zugerechnet. Eine Unterscheidung scheint auch nicht explizit gewollt zu sein, denn seit Ende ihrer Entstehung in den 1980er-Jahren hat die Volitionstheorie nicht viel Beachtung gefunden. Sie beschreibt, dass der Motivation in Richtung auf ein Ziel auch eine Handlung zur Zielerreichung folgen muss. Ohne entsprechende Handlungsinitiierung und -durchführng kann das, wozu der Mensch motiviert ist, nicht ausgeführt werden. Handeln ist trainierbar, Motivation weni-

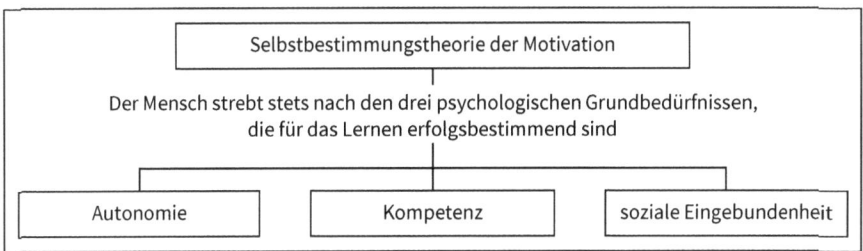

Abb. 17: Selbstbestimmungstheorie der Motivation und Auswirkungen auf die Pädagogik (nach Deci u. Ryan 1993)

ger. Deshalb ist es für handlungsschwache Menschen von Nutzen, ein Volitionstraining durchzuführen.

Selbst an die Hochschulen sind der Begriff Volition und dessen Bedeutung nur bedingt vorgedrungen. In der betrieblichen Praxis und gar in der betrieblichen Weiterbildung blieb der Volitionsbegriff weitgehend unbekannt. Er sollte in der betrieblichen Weiterbildung jedoch eine bedeutendere Stellung einnehmen, weil schnelles, zielgerichtetes und wirksames Handeln wichtige Voraussetzungen für unternehmerischen Erfolg in der Zukunft sind.

Die Selbstbestimmungstheorie der Motivation von Deci und Ryan (1993) beschreibt, welche Voraussetzungen gegeben sein müssen, damit eine hohe Motivation zum Lernen und damit verbunden auch eine hohe Volition für das Lernen entsteht. Folgende drei Faktoren, die für die Motivationsentstehung notwendig sind, wurden von Deci und Ryan (1993) beschrieben:

* Handlungsfreiheit
* Kompetenzunterstützung
* soziale Einbindung

Prenzel (1997) hat die von Deci und Ryan beschriebenen Faktoren ergänzt. Nach ihm müssen noch drei weitere hinzukommen:

* Anwendungsrelevanz – Nähe zum Arbeitsfeld des Teilnehmers
* Instruktionsqualität – Didaktische Qualität durch den Lehrenden
* Interesse des Lerners

Wenn diese sechs genannten Faktoren maßgeblich die Lernmotivation bestimmen, dann lässt sich leicht feststellen, dass bei Speakervorträgen und auch bei Trainings, die durch Speaker durchgeführt werden, in aller Regel fünf dieser Faktoren nicht gegeben sind. Nach Deci und Ryan passiert in solchen Veranstaltungen aber nichts, was zur Motivation beitragen könnte. Es besteht bei solchen Vorträgen für die Zuhörer keine Selbstbestimmung, keine Handlungsfreiheit, dadurch auch kein Commitment und wenig soziale Einbindung. Die Annahme, dass Spaekervorträge massiv zur Motivation beitragen, ist deshalb schlicht falsch. Dennoch hält sich der Glaube in der Entscheiderwelt von Vertriebstrainings hartnäckig, dass durch die Trainings solcher Trainer und Speaker die Motivation der Teilnehmer mächtig und dauerhaft gepusht werden könne.

Bei Verkaufsschulungen und bei der Verkäuferqualifizierung generell wird Lernen nur dann effizient erfolgen, wenn Selbstbestimmung und Autonomieerleben der Teilnehmer einen breiten Raum einnehmen, denn bei Menschen besteht im Zusammenhang mit dem Lernen das Bedürfnis nach Kompetenz und Autonomie. Ein entscheidender Faktor für das Interesse und die Qualität des Lernens wird heute von vielen Wissenschaftlern in der Fähigkeit gesehen, Handlungsergebnisse selbst kontrollieren zu können. Die Motivation steigt, wenn der Lerner Selbstwirksamkeit erkennt. Nur wenn das Gefühl der Kompetenz und Selbstwirksamkeit zusammen mit dem Erleben von Autonomie auftreten, hat das positive Auswirkungen auf die intrinsische Motivation. Lernmotivation und Leistungsmotivation in einem fremdbestimmten und stark kontrollierten Umfeld erzeugen zu wollen, ist deshalb alles andere als effektiv. Da aber etwa 80 % der Verkäuferqualifizierungen so gestaltet sind, darf es nicht verwundern, wenn daraus kein sinnvoller Outcome entsteht. Das Gefühl von Kompetenz und Selbstwirksamkeit ist in einer vollständig fremdbestimmten Lernumgebung nicht gegeben und deshalb ist die Auswirkung auf die intrinsische Motivation unbedeutend. Eine weitere Frage ist, ob Motivation überhaupt trainiert werden kann und ob es den Begriff »Motivationstrainer« geben kann. Hierzu habe ich mir die Angebote und Leistungsbeschreibungen der sogenannten Motivationstrainer einmal näher angeschaut und festgestellt, dass die allermeisten Angebote gar nicht auf die Motivation selbst ausgerichtet sind, sondern auf die Volition. Während die Motivation mehr die Willens- und Entscheidungsbildung betrifft, geht es bei der Volition um die dauerhafte Umsetzung und um die Ausführung des Handelns.

Volition ist deshalb genauso wichtig wie Motivation, und gerade in der heutigen Zeit sind viele Menschen volitionsschwach, d. h. ihnen gelingt die dauerhafte Umsetzung von vorhandenen Intentionen nicht. Obwohl das »Rubikon-Modell« von Gollwitzer (Heckhausen/Gollwitzer/Weinert, 1987), das beschreibt, wie Motivation und Volition zusammenspielen und welche Rolle und Bedeutung die Volition dabei einnimmt, schon über 30 Jahre existiert, ist es in der Wirtschaft viel zu wenig bekannt. Wie die Menschen handeln und welche Handlungsstrategien sie dabei anwenden, ist sehr unterschiedlich und auch entscheidend dafür, ob und wie Menschen Lernen nachhaltig in die Praxis umsetzen.

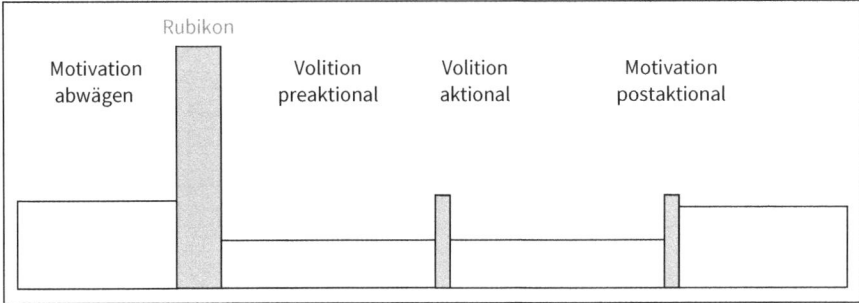

Abb. 18: Das Rubikon-Modell des Handelns in Anlehnung an Heckhausen, Gollwitzer und Weinert (1987)

In der Weiterbildung kann der volitionale Prozess des Handelns als entscheidender Prozess gesehen werden. Wie stark Handlungsumsetzung in die Praxis stattfindet, hängt von der Stärke der Intensionsbildung und von der Umsetzungsfähigkeit ab. Umsetzungsfähigkeit kann nur durch Tun und Üben, nicht durch reine Wissensvermittlung erworben werden oder wie es Jost Buschmeyer (2015) ausdrückt: »Schwimmen lernt man nur im Wasser«.

16 Was sich an Verkaufstrainings ändern muss

Sehr viele Verkaufstrainings sind heute darauf bedacht, die Verkaufsmitarbeiter hinsichtlich der Gesprächsführung beim Kunden weiter zu qualifizieren. Die Entscheider orientieren sich bei Trainingsangeboten vorrangig an den Trainingsinhalten, die von Anbietern eingereicht werden. Trainings werden dann zu einem ein- bis zweitägigen Produkt, dessen Ergebnisse kaum evaluiert werden. Der Transfer in die Praxis wird selten durch geeignete Maßnahmen unterstützt. Hier fehlt es oftmals an entsprechendem Managementcommitment und die Teilnehmer werden kaum nach ihrem Bedarf und nach ihren Bedürfnissen befragt. Es entstehen somit fremdgesteuerte und fremdbestimmte Trainings, die vollständig vom Trainer gelenkt und kontrolliert werden. Selbstbestimmung und Autonomieerleben finden aufseiten der Teilnehmer kaum statt. Somit entstehen Lernveranstaltungen, in denen sich nur sehr wenig intrinsische Motivation entwickeln kann und bei denen die Intensionsbildung relativ schwach ausfällt. Das heißt, dass auch die Effektivität dieser Trainings nur ein sehr geringes Niveau erreicht, bei dem der Nutzen nur selten die entstandenen Kosten bei Vollkostenrechnung deckt.

Nachfolgend sind sechs Punkte aufgeführt, die zu deutlich höherer Effizienz von Verkaufstrainings führen:

1. **Kompetenzbildende Trainingsansätze,** die der Verbesserung der Problemlösefähigkeit dienen und sich auch auf die Lösung bisher nicht bekannter und in der Zukunft liegender Probleme beziehen. Hierzu ist ein Vier-Stufen-Konzept zu empfehlen, bestehend aus:
   a) Wissensvermittlung (lehrerzentriertes Lernen)
   b) Wissensverarbeitung (lernerzentriertes Lernen)
   c) Umsetzung in der Praxis (lernerzentriertes Lernen
   d) erfahrungsgeleiteter Austausch der Lerner (metakognitives Lernen)
2. **Einbindung von Lernmedien** in das Trainingskonzept. Kompetenzbildende Trainings sind deutlich aufwendiger als ein rein wissensvermittelndes Training in einem Seminarraum, das nach der vorgesehenen Zeit endet. Kompetenzbildung kann nicht in ein oder zwei Tagen erfolgen, sondern erfordert

erheblich längere Lernzeiten in unterschiedlichen Formaten. So kann der wissensvermittelnde Teil über Lernmedien gelehrt werden (z. B. Printmaterial, E-Learning). Der wissensverarbeitende Teil erfolgt in selbst bestimmten Seminaren, die didaktisch so gestaltet sind, dass Autonomie- und Kompetenzerleben gewährleistet sind.

3. **Praktizieren von Handlungslernen** mit Fallbeispielen aus der Praxis der Teilnehmer und direkter Praxisumsetzung.

4. **Der Trainer wird Lernbegleiter.** Er ist nicht mehr der Vordenker, der seine Vorstellungen als maßgeblich einbringt. Lösungsansätze kommen von den Teilnehmern und die Machbarkeit wird zwischen den Teilnehmern diskutiert. Der Trainer trifft keine Entscheidungen nach inhaltlichen, sondern stärker nach lerndidaktischen Gesichtspunkten. Das erfordert hohe pädagogische Kompetenzen.

5. **Arbeitsintegriertes Lernen** ist fester Bestandteil des Verkaufstrainings. Trainingsteilnehmer werden durch interne oder externe Trainer oder durch die Führungskraft in ihrer Arbeit begleitet. Nach Verkaufsgesprächen wird im Dialog über den Gesprächsverlauf reflektiert. Es geht nicht darum, vom Lernbegleiter als gut empfundenes Verhalten zu praktizieren oder dessen präferierte Gesprächstechniken anzuwenden, sondern es geht darum, durch Austausch und Diskussion zu besseren Ergebnissen zu gelangen. Das Feedback des Lernbegleiters soll für den Teilnehmer motivierend wirken. (Kompetenzerleben).

6. **Erfahrungsgelenktes Lernen in Gruppen** gehört heute zu den erfolgversprechendsten Maßnahmen in der Weiterbildung. Teilnehmer tauschen sich über die gesammelten Erfahrungen, über Möglichkeiten der Verbesserung und über Erfolge aus. Dazu steht eine geeignete Lerncommunity zur Verfügung, über die der Austausch regelmäßig stattfinden kann. Lerngruppen sollten aus drei bis fünf Personen bestehen. Die Gruppen sind selbst bestimmt und arbeiten mit geringem Einfluss durch Dritte zusammen.

Wenn Verkäuferqualifizierung alle diese sechs Elemente einschließt, handelt es sich um eine längerfristig angelegte Trainingsmaßnahme und nicht mehr um ein punktuell angelegtes Trainingsprodukt, das ausschließlich in einem Seminarraum über ein bis zwei Tage stattfindet und in erster Linie Wissen vermittelt, das von einem Trainer erdacht wurde. Bei Verkaufstrainings handelt es sich um Bildungsprozesse und das Training muss regelmäßig über einen längeren Zeitraum erfolgen. Erfolgreiche und kompetenzentwickelnde Verkaufstrainings können deshalb nicht losgelöst und fernab der Arbeitswelt durchgeführt werden. Sie müssen in die Arbeitswelt integriert werden. Lernen und arbeiten findet gleichzeitig statt. Verkaufstrainings sind deshalb auch danach zu bewerten, wie es dem Trainer letztlich gelingt, in seinem didaktischen Design Arbeit und Lernen so zusammen-

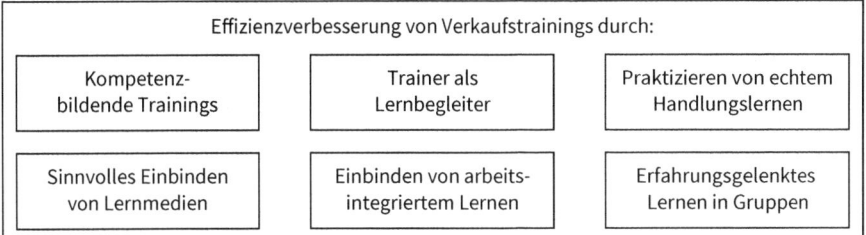

Abb. 19: Effizienzverbesserung von Verkaufstrainings

zubringen, dass möglichst hoher Kompetenzzuwachs erfolgt und der Outcome des Trainingsprogrammes den Input deutlich übersteigt. Input und Output sind in diesem Falle an Erfolgszahlen zu messen.

17 Wie lässt sich kompetenzbildendes Verkaufstraining mit der Arbeit verknüpfen?

Kompetenzbildendes Lernen erfordert deutlich mehr Lernaufwand als wissensvermittelnde Trainings. Es geht darum, neues Wissen nachhaltig umzusetzen. Deshalb bedarf es eines Konzepts dafür, wie die Maßnahme in das Arbeitsgeschehen der Teilnehmer integriert werden kann, weil Umsetzung fern vom Arbeitsfeld nur schwer möglich ist und keine Kompetenzen entwickelt, die im Arbeitsfeld von hoher Bedeutung sind. Alle Elemente kompetenzbildender Trainings in klassischen Tagungsräumen durchzuführen, ist daher gar nicht möglich und der Arbeits- und Zeitaufwand für das Wenige, das man dadurch erreicht, wäre kaum gerechtfertigt.

Betrachten wir deshalb noch einmal die vier Stufen eines kompetenzbildenden Trainingsansatzes (vgl. Abb. 6). In der ersten Stufe (Wissensvermittlung) geht es darum, Fakten und Begründungen für Sachverhalte zu liefern, um diese dann in der Stufe 2 (Wissensverarbeitung) anwenden zu können. Fakten- und Begründungswissen kann in Selbstlernphasen erworben werden, für die unter vielfältigen Möglichkeiten, wie Printmaterialien, Web Based Trainings (WBT), Webinaren etc. ausgewählt werden kann. Die Selbstlernphase kann aus zeitlich gestreckten Lernnuggets oder aus komprimierten Veranstaltungen über das Netz erfolgen (z. B. Webinare). Es bietet sich an, in diesem Teil der Maßnahme den inhaltlichen Schwerpunkt auf Verkaufstechniken und Verkaufsmethodik zu legen (z. B. den Einsatz von Argumentationstechniken).

Die zweite Stufe (Wissensverarbeitung) besteht zusätzlich aus teilnehmeraktiven Elementen (Activ-Learning). Es bieten sich die Möglichkeiten, praxisnahe Fallbeispiele und Situationsaufgaben von den Teilnehmern in Kleingruppen lösen zu lassen. Die Ergebnisse der Gruppen werden dann im Anschluss im Plenum diskutiert. In firmeninternen Veranstaltungen bietet es sich an, konkrete Praxisfälle in Kleingruppen lösen zu lassen. Von einigen Teilnehmern (Fallgeber) werden konkrete Praxisfälle eingebracht, die anderen Teilnehmer der Kleingruppe entwickeln Lösungen. Die vorgeschlagenen Lösungen werden dann im Plenum diskutiert. In Gesprächsübungen versuchen die Fallgeber daraufhin die vorgeschlagenen Lösungen in Form von Rollenspielen umzusetzen. Diese Rollenspiele können aus ökonomischer Sicht auch in Form von Online-Rollenspielen erfolgen. Das bedeutet, die Fallgeber vereinbaren mit dem Trainer einen Online-Termin und führen dann das Verkaufsgespräch. Hierzu ist eine Webcam dringend erforderlich, um eine starke Reduktion von Kommunikationskanälen zu vermeiden.

Danach erfolgt die Stufe 3 (Transfer in die Praxis). Die Fallgeber setzen die in den Kleingruppen vereinbarten Lösungskonzepte im realen Kundentermin um und informieren die anderen Teilnehmer und den Trainer über das Ergebnis des Kundengespräches. Die Information und der Austausch über die geführten Kundengespräche können in Stufe 4 (Corporate Learning) erfolgen. In den installierten Lerncommunitys tauschen sich die Teilnehmergruppen über die durchgeführten Verkaufsgespräche der Fallgeber aus. Das geschieht sowohl im Erfolgsfall als auch im Misserfolgsfall. Im Falle des Misserfolges wird gemeinsam darüber nachgedacht, was es in der konkreten Situation zu tun gibt. Im Erfolgsfall wird darüber debattiert, wie sich der Erfolg auch auf andere Praxisfälle ausdehnen lässt. Dieser Lernprozess sollte als ständig wiederkehrende Maßnahme installiert und die sich in Lerncommunitys organisierten Selbstlerngruppen sollten weiter bestehen bleiben. In diesem Beispiel wird zur Gestaltung von Weiterbildungsmaßnahmen für Verkaufsmitarbeiter schon in der Stufe 2 (Learning near the job) auf die Phasen 3 und 4 (arbeitsintegriertes Lernen) vorbereitet. Das macht diese Form des Trainings besonders attraktiv und effizient. Davon abgesehen, dass die Weiterbildungsarbeit wirklich in allen Fällen und zielgerichtet in die Praxis umgesetzt wird, besteht auch eine hohe Transparenz bezüglich des Trainingserfolges. Es kann sehr leicht festgestellt werden, in wie viel Prozent der Fälle die Umsetzung erfolgreich war. Es lassen sich daneben auch sehr einfach Rentabilitätsrechnungen anstellen, die dem Wunsch des Top-Managements nach Bildungscontrolling entgegenkommen.

18 Wie Vertriebsführungskräfte die Kompetenzentwicklung unterstützen können

Der Kosten- und Legitimationsdruck, in dem sich Vertriebsführungskräfte heute zunehmend befinden, verhindert oft die Weiterentwicklung einer unternehmensinternen Lernkultur, die kompetenzbildendes Lernen unterstützt oder überhaupt erst möglich macht. Dabei handelt es sich jedoch letztlich um einen Teufelskreis: Um den wettbewerbsbedingten Druck zu mindern, gibt es nichts Besseres als die Kompetenzentwicklung der Mitarbeiter voranzutreiben.

Ein häufig dagegen vorgebrachtes Argument ist die fehlende Ressource Zeit, um entsprechende Weiterbildungsangebote durchführen zu können. Es steht jedoch zu vermuten, dass dies nicht wirklich der Hintergrund für die Zurückhaltung vieler Führungskräfte gegenüber sinnvoller Kompetenzen entwickelnder Fortbildungsangebote ist. Vielmehr möchten Führungskräfte die Art und Weise des Trainings und seine Inhalte nach ihren Deutungsmustern bestimmen. Das zeigt sich schon daran, dass in vielen Fällen der von mir eingebrachte Vorschlag, die Mitarbeiter über die Art des Trainings und über die Trainingsinhalte mitentscheiden zu lassen, von Führungskräften abgelehnt wurde. Vertriebsführungskräfte schwören zu oft auf Verkaufstrainer, von denen Sie annehmen, dass diese Inhalte besonders gut und einschlägig vermitteln und die Mitarbeiter besonders gut motivieren können – und sie richtig taff auf Verkauf trimmen. In Wirklichkeit sind es aber gerade diese Trainings, die von der Nutzenseite her betrachtet die wenigsten Effekte bringen, weil der Trainer Inhalte aus der Praxis der Teilnehmer und deren Vorschläge dazu kaum zulässt und nur Vorgedachtes in die »mitgebrachten Kübel der Teilnehmer« schütten möchte. Die Teilnehmer sollen von dem Vorgedachten des Trainers überzeugt werden und deshalb legt der Trainer einen Schwerpunkt auf die überzeugende Argumentation. Diese Vorgehensweise wird seit mehr als 50 Jahren wenig erfolgreich praktiziert. Verkäufer können nach Teilnahme an fünf bis zehn Verkaufstrainings über Jahre hinweg, essenzielle Dinge der Verkaufsgespräche immer noch nicht in der Praxis anwenden, wie ich bei Begleitbesuchen immer wieder feststellen muss.

Ein weiterer Grund, weshalb klassische Verkaufstrainings keine gute und nachhaltige Wirkung in der Praxis zeigen, ist das mangelnde Commitment der Vertriebsführungskräfte. »So, nun waren Sie zwei Tage im Verkaufstraining, haben gut gegessen, sich gut erholt und nun gehen wir wieder zum üblichen Alltag über«, so begrüßte eine Vertriebsführungskraft einen Verkäufer, der an einem Verkaufstraining teilgenommen hatte. Ein Teilnehmer an einer unserer Aufstiegsfortbildungen im Vertrieb hätte seiner Führungskraft hin und wieder gerne einmal berichtet, wenn er von einem Seminar kam. Die Führungskraft wies ihn aber immer mit den Worten ab: »Ach, das ist doch alles Schnulli, das bringt dir doch nichts.« Es gibt noch viele andere Beispiele, über die ich berichten könnte und die fehlendes Commitment der Führungskräfte belegen.

Nach einer Befragung von Vertriebsführungskräften durch die FH Mittelhessen (Pelz, 2012) gehören die Weiterentwicklung der Mitarbeiter und die Unterstützung der Lernfähigkeit zu den wichtigsten Aufgaben der modernen Vertriebsführungskräfte. Leider scheitert das oft genug an der Umsetzung.

Wer Zeit für die Kompetenzentwicklung der Mitarbeiter einsetzt, entlastet sich ja auf Dauer und kann mehr Aufgaben an Mitarbeiter delegieren bzw. mindert die Rückdelegation. Wenn es zeitlich bei den Vertriebsführungskräften klemmt, kann externe Hilfe für einen gewissen Zeitraum ratsam und lohnend sein oder auch interne Unterstützung durch HR Business-Partner. Wenn, wie es die Befragung der FH Mittelhessen zutage gebracht hat, die Weiterentwicklung der Mitarbeiter zu den wichtigsten Aufgaben der Vertriebsführungskräfte gehört, dann ist es an der Zeit, diese Aufgabe ernst zu nehmen. Das bedeutet in erster Linie, sich mit dieser Aufgabe stärker zu beschäftigen, sich in dem Bereich der fachpädagogischen Kompetenzen selbst weiterzuentwickeln und Zeitfenster für die Umsetzung einzurichten.

Wenn diese Dinge nicht geschehen, dann bleibt es bei Lippenbekenntnissen und guten Vorsätzen, die nicht umgesetzt werden. Die Gestaltung von Kompetenzentwicklungssystemen erfordert ein hohes didaktisches und pädagogisches Verständnis, das bei Führungskräften im eigentlich notwendigen Umfang gar nicht vorhanden ist, da sie ja in der Regel keine Pädagogen sind und auch nicht an Anpassungsqualifizierungen in Richtung Pädagogik und Didaktik teilgenommen haben. Die Ausrichtung der Weiterbildung auf Kompetenzentwicklungsprozesse erfordert deshalb zwingend von jeder Führungskraft die Verbesserung des eigenen pädagogischen Verständnisses, sonst kann sich die Weiterentwicklung der Mitarbeiter im Unternehmen in der heutigen Zeit nicht verbessern. Die bereits genannte Umfrage der BEST Bildungs-GmbH 2017 ergab, dass sich besonders Vertriebsmitarbeiter der ersten Berufshälfte nach Weiterbildungsprozessen Commitment und Unterstützung im Nachgang wünschen.

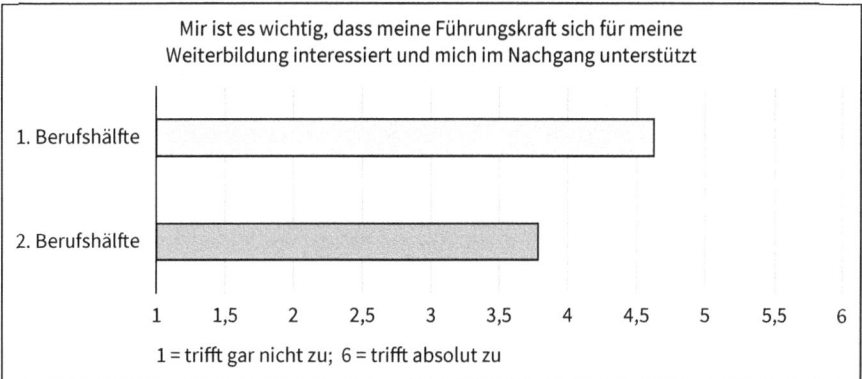

Abb. 20: Bedeutung der Unterstützung von Weiterbildungsmaßnahmen durch die Führungskraft

Vertriebsführungskräfte interessieren sich scheinbar nicht ausreichend dafür, wie Lernen nach Weiterbildungsmaßnahmen umgesetzt wird, und sehen selten Maßnahmen zur Sicherung des Lerntransfers vor. Des Weiteren wurde in zahlreichen anderen Erhebungen festgestellt, dass sich Vertriebsführungskräfte bei der Auswahl von Weiterbildungsmaßnahmen weitgehend an den beschriebenen Seminarinhalten orientieren, obwohl diese sehr selten genügend Aufschluss über die anzuwendende Didaktik, die Methoden und Lerntiefen geben. So werden z. B. seitens externer Weiterbildungsanbieter in den meisten Fällen die Lerntiefen (Taxonomien) der einzelnen Lerninhalte gar nicht angegeben oder beschrieben. Weiterbildungsverantwortliche nehmen das kritiklos hin, obwohl gerade die Taxonomien eine Menge Aufschluss über die Qualität einer Maßnahme geben. Sie beschreiben, in welchem Umfang und Verhältnis Wissensvermittlung- oder Wissensverarbeitungsmethoden angewendet werden sollen. Doch nicht nur bei Vertriebsführungskräften scheint das Wort Taxonomie ein unbekanntes Wort zu sein, auch viele Verkaufstrainer wissen mit diesem Begriff nicht wirklich viel anzufangen, wie in unseren Trainerausbildungen immer wieder festzustellen ist.

Eine sehr wichtige Frage ist auch, ob Kompetenzentwicklungsprozesse mit bisherigen und klassischen Führungsmethoden (transaktionale Führung) überhaupt erfolgreich begleitet werden können. Bei der transaktionalen Führung werden Aufgaben und Entscheidungen an Mitarbeiter delegiert. Mittels Zielvereinbarungen und leistungsorientierten Entlohnungssystemen wird bestimmt oder vereinbart, was den Mitarbeiter bei Erfüllung der Aufgaben erwartet. Folgt man der Definition von Erpenbeck (2016), nach der Kompetenzen die Fähigkeit darstellen, in der Zukunft liegende Herausforderungen und Problemstellungen kreativ und selbst gesteuert zu lösen, muss Führung, die zu mehr Kompetenzbildung anregen soll, ein Führen von der Zukunft her sein. Die Mitarbeiterführung konzentriert sich bei dieser Herangehensweise darauf, welche Problemstellungen die Zukunft bringt und bringen könnte. Die Zusammenarbeit mit den Mitarbeitern konzentriert sich darauf, wie Veränderungen der nahen Zukunft gemeistert werden können. Führung bereitet dann sozusagen Changeprozesse im Vertrieb vor und inspiriert die Mitarbeiter zur Annahme künftiger Herausforderungen. Die Mitarbeiter sollen in der Lage sein, neue Problemstellungen kreativ zu lösen, anstatt auf den Erfahrungen der Vergangenheit sitzen zu bleiben. Die Frage, die sich dabei stellt ist, wie man bei sich ändernden Bedingungen bessere Vertriebslösungen finden kann.

Hierzu sind eingerichtete Netzwerke zum kontinuierlichen Austausch der Mitarbeiter ein wirkungsvolles Element. Wichtige Voraussetzung für die Installation solcher Netzwerke ist, dass diese einem hohen Selbststeuerungsgrad unterliegen, also von den Mitarbeitern selbst und nicht von der Führungskraft gesteuert sind. Gerade für Vertriebsmitarbeiter verändert sich immer schneller eine Reihe verschiedener Faktoren. Es handelt sich dabei nicht nur um innerbetriebliche Faktoren, sondern gerade die Veränderungen bei Kunden, Mitbewerbern, im Käuferverhalten und im Marktgeschehen spielen für die Vorgehensweise und den Verkaufserfolg eine immens wichtige Rolle.

Durch Changeprozesse beim Kunden ändern sich nicht nur Ansprechpartner, sondern auch Einkaufsprozesse, Einkaufsrichtlinien und Einkaufsverhalten. Ebenso ändern sich gleichzeitig die Marktstrategien, die Konzepte und die Leistungen der Mitbewerber, während sich auf der anderen Seite das private und industrielle Käuferverhalten generell (auch durch Industrie 4.0) verändert und auch die Marktbedingungen immer wieder generell anders werden.

Sättigungsgrade bei eigenen Produkten, Innovationen beim Wettbewerb, um nur einige wenige verkaufsbeeinflussende Faktoren zu nennen, verändern permanent die Verkaufslandschaft und stellen Verkaufsmitarbeiter vor neue Herausforderungen.

Die Beispiele dafür sind vielfältig: Kodak hatte nicht daran geglaubt, dass Menschen keine Rollfilme mehr benötigen, Nokia hatte nicht vermutet, dass klassische Handys so schnell durch Smartphones ersetzt werden. In diesem Umfeld vielfältiger Veränderungen müssen Verkäufer in der Lage sein, jedem einzelnen Kunden eine individuell bessere Lösung anzubieten als die Mitbewerber. Dazu ist es nötig, mehr auf die Zukunft zu schauen und zu erkennen, was sich da im dichten Nebel langsam offenbart.

An dieser Stelle wird noch einmal ganz deutlich, dass klassische, vermittelnde Verkaufstrainings, die sehr stark auf Gesprächsführungstechniken ausgerichtet sind, immer weniger greifen. Denn neben den Gesprächstechniken sind die Kundensituationen, die Marktsituation und die Wettbewerbssituation entscheidende

Beeinflussungsgrößen für den Markterfolg. Die momentane Situation ist bei jedem Kunden unterschiedlich und anders. Die Kunst des Verkäufers ist es, die vorliegende Situation genau zu erfassen und daraus eine Lösung für den Kunden zu schmieden, die für diesen vorteilhaft ist – oder zumindest vorteilhafter als die derzeit praktizierte Lösung.

Die Erfassung der Kundensituation ist kein Standard, sondern eine sehr individuelle Angelegenheit, die neben Erfahrungswissen hohe methodische Kompetenzen erfordert. Verkaufstrainings der herkömmlichen Art berücksichtigen das individuelle Erfahrungswissen der Teilnehmer zu wenig und entwickeln auf der anderen Seite kaum methodische Kompetenzen. Das bedeutet, die Größen, die für den Verkaufserfolg immer bedeutender werden, sind in klassischen Verkaufstrainings der herkömmlichen Art kaum vorhanden, sodass diese Trainings ständig an Wirkungsgrad verlieren.

Die Aufgabe von Vertriebsführungskräften im Zusammenhang mit der Entscheidung für Verkaufstrainings ist es deshalb, zunächst die Zielsetzung eines Trainings klar festzulegen und zu kommunizieren. Hierzu gehört es auch, in Erfahrung zu bringen, was die Teilnehmer selbst für wichtig halten und wo diese ihren Bedarf sehen.

Wenn Trainings allerdings kompetenzbildend sein sollen, ist der Bedarf nicht nur an Vermittlungsinhalten festzumachen. Die Frage muss sein, was möchten unsere Verkäufer besser können und wie müssen Trainings didaktisch gestaltet sein, um letztlich das Handeln in der Praxis zielführender zu gestalten.

Die Aufgabe der Vertriebsführungskraft darf es deshalb nicht sein, aus einem Seminarkatalog eine Maßnahme auszuwählen, die beispielsweise ein Trainer so vorgeschlagen hat und die von der Personalentwicklung so als gut empfunden wurde. Eine der wichtigsten Voraussetzungen für ein kompetenzentwickelndes Training ist die klare Orientierung und Ausrichtung an der Unternehmenszielsetzung. Diese muss durch die Vertriebsführungskraft kommuniziert sein und bei er Bedarfsfeststellung Berücksichtigung finden.

Ein Verkaufstraining, dass den Anspruch hat, die Kompetenzen der Mitarbeiter weiterzuentwickeln wird nur dann gelingen, wenn es handlungsorientiert ist und klare Zielvorstellungen beinhaltet. Der zweite wichtige Punkt, den eine Führungskraft bei der Gestaltung von kompetenzentwickelnden Trainings im Auge behalten muss, ist der Praxistransfer. Kompetenzentwicklung kann nur in der Praxis stattfinden, so wie man Schwimmen nur im Wasser lernen kann. Das bedeutet, eine Weiterbildungsmaßnahme muss als Prozess und nicht als zeitlich definierte Maßnahme von wenigen Tagen gesehen werden, die am letzten Tag zu Ende ist. Kompetenzentwicklung ist ein kontinuierlicher Trainingsprozess, dessen Schritte in der Gesamtheit gestaltet sein müssen. Die Gestaltung des Verkaufstrainingsprozesses ist eine gemeinsame Aufgabe zwischen den Vertriebsführungskräften und der Personalentwicklung. Der Prozess muss von den Führungskräften ständig begleitet werden. Das bedeutet, die Vertriebsführungskraft und ebenso die Personalentwicklung nehmen die Rolle von Lernbegleitern ein.

Um die Erfolgsrate einer Maßnahme ermitteln zu können, ist im Anschluss auch eine professionelle Evaluierung notwendig. Oftmals begnügen sich Personalentwickler aber mit einer »Laienevaluation« von Trainingsveranstaltungen in Form von sogenannten Evaluierungsfragebögen, die jedoch bei genauerem Hinschauen wenig aussagen. Lernleistung und Lernerfolge werden hier von den Teilnehmern meist selbst bewertet, anstatt dies durch professionelle Erhebungen ermitteln zu lassen. Über den tatsächlichen Outcome der Maßnahmen sagen diese Bögen so gut wie gar nichts aus.

19 Welche Aufgaben der Personalentwicklung zukommen

Wenn aus Weiterbildungsmaßnahmen Weiterbildungsprozesse werden müssen, dann verändert sich die Aufgabe der Personalentwickler dahingehend, dass sie zielführende Weiterbildungsprozesse designen, welche die Kompetenzentwicklung fördern. Das bedeutet auf gar keinen Fall, Seminare aneinanderzureihen, sondern vielmehr, andere Lernformate einzubeziehen, um letztlich das gesetzte Ziel effizient erreichen zu können. Moderne Weiterbildungsprozesse sind ein Zusammenspiel aus medialem Lernen, Seminarlernen, arbeitsintegriertem Lernen und Lernen im Austausch mit anderen.

Weiterbildungsprozesse zu gestalten bedeutet, sowohl lehrerzentriertes als auch lernerzentriertes und metakognitives Lernen in einem optimierten Mix einzubeziehen. Das erfordert von Personalentwicklern ein hohes pädagogisches und didaktisches Verständnis. Das ist oft in mittelständischen Betrieben nicht selbstverständlich und kann nicht als gegeben angenommen werden.

In der modernen Personalarbeit nimmt die Position der HR Business-Partner eine immer wichtiger werdende Aufgabe ein. Sie beraten Führungskräfte im Unternehmen bezüglich der Mitarbeiterauswahl, der Mitarbeiterentwicklung und der Mitarbeiterführung. Auch im Hinblick auf die eigene Weiterqualifizierung können Führungskräfte die Beratungsleistungen der HR Business-Partner in Anspruch nehmen. HR-Business-Partner, die für den Vertriebsbereich zuständig sind, benötigen selbstverständlich ein gutes psychologisches und pädagogisches Wissen. Sie sollten darüber hinaus jedoch auch den Vertrieb im Unternehmen mit all seinen Besonderheiten und Eigenheiten sehr gut kennen, um die richtige Auswahl bei der Rekrutierung der Mitarbeiter und bei der Weiterqualifizierung treffen zu können. Die HR-Business-Partner-Modelle sind in der Unternehmensorganisation der Personalentwicklung zuzuordnen. Ein wirkungsvoller Aspekt hinsichtlich der Weiterqualifizierung ist, dass durch die Mitwirkung von HR Business-Partner pädagogische und didaktischen Elemente professioneller eingebunden werden und somit Maßnahmen effizienter und nachhaltiger werden.

Entscheidet der Fachbereich, sprich die Verkaufsführungskraft allein über die Durchführung von Weiterbildungsmaßnahmen, so kann die Planung in didaktischer und pädagogischer Hinsicht unzureichend sein. Sie führt dann nicht selten zu Maßnahmen, mit denen ein sehr bescheidener Wirkungsgrad und kaum erkennbare Nachhaltigkeit erzielt werden. Mit dem Einsatz von HR Business-Partnern verlieren externe Trainer und Coaches erheblichen Einfluss auf die Gestaltung der Qualifizierungsmaßnahmen. Oftmals ist schon ein klares Briefing vorhanden, nach dem die Maßnahmen durchgeführt werden sollen. Eigene Überlegungen des externen Partners werden weniger gefordert. Das kann einerseits gut sein, wenn der externe Partner selbst nicht oder nur in unzureichendem Umfang über pädagogische und didaktische Kenntnisse und Kompetenzen verfügt. Es kann jedoch auch sein, dass durch die Rücknahme des Einflusses des externen Partners die Qualität der Maßnahmen leidet und zu sehr »im eigenen Saft schmort«.

Ein regelmäßiger Austausch zwischen HR Business-Partnern, Vertriebsführungskräften und externen Dienstleistern ist deshalb immer ein guter Weg, der zu Verbesserungen und zu Effizienzsteigerungen führen kann.

Während noch vor einigen Jahren das Thema Verkaufstechniken in der Weiterbildung von Verkaufsmitarbeitern eine wesentliche Rolle gespielt haben, so kann man heute feststellen, dass derzeit auch andere Themenbereiche an Bedeutung gewonnen haben. Besonders Thematiken, die mit der zunehmenden Digitalisierung in Zusammenhang stehen, werden häufiger in der Weiterbildung von Vertriebsmitarbeitern aufgegriffen. Nach wie vor lässt sich jedoch feststellen, dass immer noch die formelle Weiterbildung und linear strukturierte Maßnahmen mit klar vordefinierten Inhalten im Vordergrund stehen. Diese Lernarrangements dürften jedoch für die Zukunft zunehmend uninteressanter werden, da es letztlich darum gehen muss, Lösungen für aktuelle Problemstellungen in ihrer Komplexität zu finden. Diese Art der Weiterqualifizierung muss schnell gehen und in Systeme eingebettet sein, die schnell reagieren können.

Die klassische Vorgehensweise, Bedarfe zu analysieren, aufzuarbeiten, daraus Weiterbildungskonzepte zu erstellen und die Durchführung zu organisieren, kann deshalb im Verkaufstraining nicht mehr der alleinige Weg sein, der schnell auf die Marktgegebenheiten reagieren kann. Natürlich ist es sehr wichtig, die strategische Unternehmenszielsetzung in die Weiterbildungsüberlegungen mit einzubeziehen. Darüber hinaus bedarf es aber auch schneller Reaktionen, die gerade im Vertrieb wichtig sind, wenn z. B. überraschenderwiese ein Mitbewerber neue Produkte einführt, die umsatzgefährdend für die eigenen Produkte sind.

Rascher Wandel bedingt zudem ständige Anpassung der bestehenden Konzepte, denn was heute trainiert wird, ist unter Umständen konzeptionell schon überholt und muss ersetzt werden. Es gilt, in der Praxis aktuell auftretende Problemstellungen schnell zu lösen. Hierzu eignet sich im Verkauf besonders das Prinzip »Learning near the job«. Das bedeutet, in der Praxis auftretende Fälle werden von den betroffenen Mitarbeitern (Fallgeber) im Seminar, Workshop oder Meeting vorgestellt und es wird in Kleingruppen nach Lösungen gesucht. Im Anschluss wird der Fallgeber mit der Umsetzung in der Praxis beauftragt und berichtet der Gruppe über das Ergebnis. Mit der permanenten Anwendung solcher Trainings wird die Problemlösefähigkeit der Verkäufer ständig trainiert. Haben es die Verkäufer gelernt mit virtuellen Classrooms zu arbeiten, ist eine sofortige Reaktion auf ein Marktereignis möglich. Sowohl durch »Learning near the job« als auch durch sofortige Gestaltung von virtuellen Classrooms entfernt sich Weiterbildung von der fremdgesteuerten Wissensvermittlung durch einen Trainer, ebenso wie von Übungen, durch die das vorgelegte Wissen besser verinnerlicht werden soll. Training wird zum selbst gesteuerten und kompetenzbildenden Lernen, so wie wir es benötigen, um die künftigen Herausforderungen besser meistern zu können.

Teil 2

20 Kompetenzentwickelnde Weiterbildung in der Vertriebspraxis

Das klassische Verkaufstraining steckt recht fest verankert in den Köpfen von Vertriebsführungskräften, Trainern und Teilnehmern. In den letzten 20 Jahren hat kaum Bewegung hin zu neuen Konzeptionen stattgefunden. Verkaufstraining bedeutet für die meisten bis heute die Vermittlung von verkaufstechnischem Wissen in einem Seminarraum. Und so werden dann nach diesen Grundsätzen Verkaufstrainings entwickelt, gehandelt und durchgeführt.

Die durch Führungskraft und/oder Trainer vorgegebenen und linearstrukturierten Inhalte schaffen den Weg bis zur Umsetzung in die Praxis in den allermeisten Fällen gar nicht. Den meisten Entscheidern ist dies längst klar, scheint sie aber nicht zu stören und es sind kaum Bestrebungen der Veränderung zu erkennen. Die Gründe dafür, dass Veränderung nur selten in der Form stattfinden, wie sie eigentlich stattfinden müssten, liegen möglicherweise in der Vermutung der Entscheider, dass wirksamere Trainings nicht genereller Veränderung bedürfen, sondern durch die Veränderung einiger weniger Parameter deutlich bessere Erfolge erzielt werden können. Es geht aber in Wirklichkeit darum, die seit der Nachkriegszeit praktizierten Verkaufstrainings generell und massiv zu verändern, weil sonst eine Verbesserung des Trainingsoutcomes kaum möglich wird.

Der Glaube, man könne Verkaufstrainings effizienter gestalten, indem man die Trainingszeiten reduziert, erinnert doch stark an den »Nürnberger Trichter«. Schon immer haben sich Menschen gewünscht, Wissen könne in die Köpfe »hineingetrichtert« und dann schnell zur Anwendung gebracht werden. Doch bisher endeten die Umsetzungsversuche immer auf dem Feld der Enttäuschungen.

Doch heute geht es bei Bildung gar nicht mehr darum, wie schnell man sich Wissen aneignen kann, sondern darum, das Wissen in Können zu transferieren und dieses anzuwenden. Entscheidend dabei ist, Erlerntes nicht nur in vertrauten Umgebungen anwenden zu können, die man immer schon kennt. Es geht darum, Erlerntes auch in neuen Umgebungen und unvorhersehbaren Situationen zur erfolgreichen Anwendung zu bringen.

Mit anderen Worten: Der Anspruch an Lernziele ist höher geworden, und deshalb ist es nicht schwer abzuleiten, dass es bei den bisherigen Formen der Lernveranstaltungen ebenfalls einer starken Veränderung bedarf.

Verkäuferentwicklung ist kein Produkt, es ist eine kontinuierliche Maßnahme, ein Prozess, der als permanente Entwicklungsmaßnahme zu verstehen ist, die sich den Marktgegebenheiten jederzeit anpasst. Die sechs wichtigsten Punkte der Veränderung von Verkaufstrainings wurden im ersten Teil dieses Buches dargestellt (s. Kap. 16). Die Entwicklung eines wirkungsvollen didaktischen Designs entscheidet weitgehend darüber, wie erfolgreich die Entwicklung von Verkaufsmitarbeitern sein wird.

Um ein solches Training zu entwickeln bedarf es zunächst der Auflösung von Vorbehalten gegen bestimmte Lernformate. Außerdem sollte man sich von der Ansicht verabschieden, dass Trainings aus vorgegebenen Inhalten bestehen müssen. Auf die Vermittlung von Wissen gänzlich zu verzichten, wäre sicher auch ein falscher Weg, jedoch sollte die vermittelten Inhalte weitgehend dem methodischen Bereich entspringen, damit diese Methoden später im Zusammenhang mit der Entwicklung der Problemlösekompetenzen angewendet werden können. Es ist aber nicht unbedingt vonnöten, Wissen, Methoden und Techniken in der klassischen Seminarform zu vermitteln. Hierzu können aus Kosten- und Rationalisierungsgründen Skripte oder Formen des E-Learning eingesetzt werden. Erst wenn der Lerner die zu vermittelnden Inhalte soweit aufgenommen hat, dass er sie wiedergeben kann, sollte sich ein Action-Training mit konkreten Problemstellungen aus der Praxis anschließen. Versuche in dieser Richtung haben leider vielerorts durch falsche Herangehensweise nicht funktioniert und wurden dann wieder ad acta gelegt.

20.1 Die demografische Entwicklung beachten

Was sich in den letzten Jahren so ziemlich in jedem Verkaufsteam verändert hat, ist der Altersdurchschnitt der Mitarbeiter. Wie rasant sich der Altersdurchschnitt derzeit verändert, zeigt ein Beispiel aus der Versicherungswirtschaft (s. Abb. 21). Die Säulen zeigen den Anteil der Verkäufer in den unterschiedlichen Altersstufen, die Linien verdeutlichen die Veränderungen der letzten zehn Jahre.

Ein zunehmend höherer Altersdurchschnitt der Vertriebsmitarbeiter ist mit einigen Risiken für die Organisation verbunden. In der Regel kommt es bei älteren Mitarbeitern zu höheren krankheitsbedingten Arbeitsausfällen. Ganz allgemein nimmt die fluide Intelligenz und damit die Flexibilität der Mitarbeiter ab Mitte 30 ab.

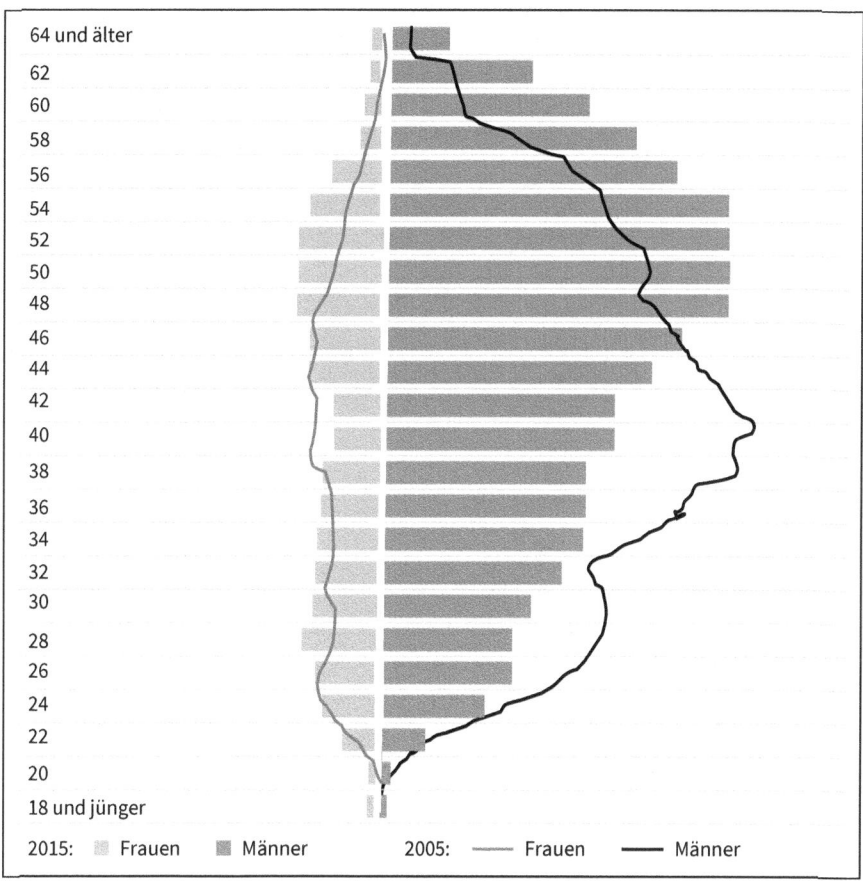

64 und älter
62
60
58
56
54
52
50
48
46
44
42
40
38
36
34
32
30
28
26
24
22
20
18 und jünger

2015:   Frauen   Männer   2005:   —— Frauen   —— Männer

Quelle: AGV Personalstatistik

Abb. 21: Demografische Entwicklung im Verkaufsaußendienst der Versicherungswirtschaft

Das kann je nach Mitarbeiter langsamer oder schneller geschehen. Mit abneh-
mender fluider Intelligenz verändert sich das Arbeits- und Leistungsverhalten der
Mitarbeiter und es entsteht auch ein heterogeneres Arbeits- und Lernverhalten.
Diese Tatsache wird meist gar nicht bei Qualifizierungsplanungen berücksichtigt,
weil auch die Unterschiede der Einzelnen im Lernverhalten nicht bekannt und
nur schwer zu ermitteln sind.

Wenn wir die Entwicklung der Problemlösefähigkeit als äußerst wichtige Ver-
kaufskompetenz für die Zukunft betrachten, dann müssen wir berücksichtigen,
dass ist hierzu ein gutes Maß an fluider Intelligenz notwendig ist, die mit zuneh-

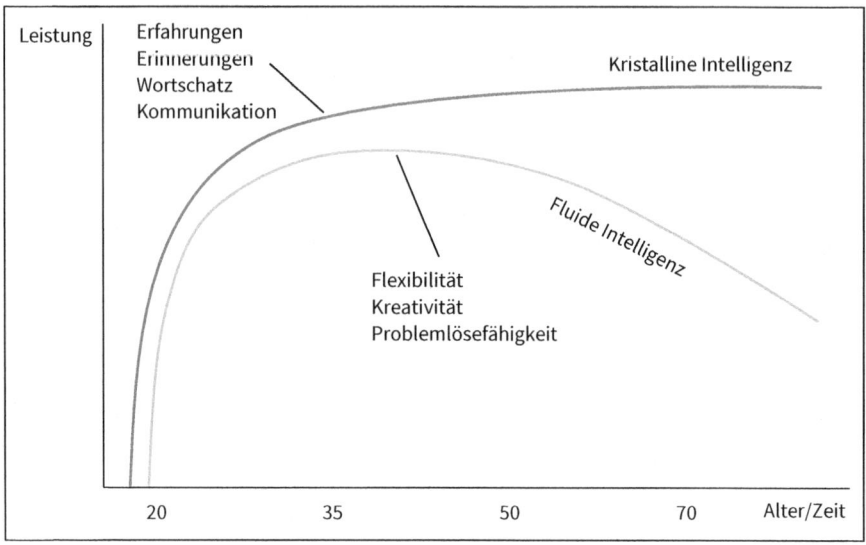

Abb. 22: Fluide und kristalline Intelligenz

mendem Alter abnimmt. Sehr oft wird die Fähigkeit zum Lernen am Vorwissen, sprich an dem bisherigen Werdegang des jeweiligen Mitarbeiter festgemacht.

Dass allerdings die demografisch bedingte Heterogenität im Lernverhalten der Verkaufsmitarbeiter andere Ursachen haben kann und dadurch viel problematischer und ergebnisrelevanter sein kann, ist den meisten Entscheidern gar nicht bewusst (s. Abb. 22).

Die demografische Entwicklung einer Vertriebsorganisation hat aber nicht nur Auswirkungen auf das Lernverhalten, sondern auch auf die altersbedingte Fluktuation einer Verkaufsmannschaft. In der Regel müssen zunehmend neue Mitarbeiter rekrutiert werden, weil die Zahl der ausscheidenden Mitarbeiter steigt. Schon jetzt ist der Bedarf an Verkaufsmitarbeitern schwer zu decken und die Mangelsituation wird sich in den kommenden Jahren weiter verschärfen, obwohl sich die Größe der Verkaufsorganisationen tendenziell ein wenig verringert.

Lücken in den Organisationen, die durch geringe Beachtung der demografischen Entwicklung entstehen, wirken sich leistungsmindernd auf die gesamte Organisation aus und bieten dem Wettbewerb gute Möglichkeiten für Kundenabwerbungen.

Es lohnt sich auf alle Fälle, die demografische Entwicklung genau zu beobachten und frühzeitig entsprechende Maßnahmen zur Rekrutierung neuer Mitarbeiter in die Wege zu leiten. Dabei ist es heute wichtiger denn je, neue Mitarbeiter von Anfang an zielgerichtet zu qualifizieren. Die zunehmenden Altersstrukturen der Vertriebsorganisationen sollten Unternehmen nicht als Problem, sondern als Herausforderungen wahrnehmen. An dieser Stelle sei noch einmal auf die Verkäuferbefragung der BEST Bildungs-GmbH 2017 hingewiesen. Verkäufer der zweiten Berufshälfte sind stärker überzeugt, dass die bisher erworbenen Erfahrungen und Kompetenzen ausreichend sind, um die Zukunft zu meistern. Damit messen diese Mitarbeiter auch der persönlichen Weiterentwicklung weniger Bedeutung bei.

Forschungen haben aber gezeigt, dass ältere Menschen intellektuell auf einem hohen Niveau bleiben, wenn sie in stärkerem Maße von ihrer Umwelt (bspw. durch Teilnahme an Weiterbildung) stimuliert werden. Älteren fehlt es allerdings häufig an geeigneten Lernstrategien. Diese lassen sich jedoch jederzeit trainieren und entwickeln. Bekannt ist, dass ältere Menschen unter Zeitdruck schlechter lernen als jüngere. Die zeitlich massiv eingedampften Weiterbildungsmaßnahmen im Vertrieb kommen deshalb der demografischen Entwicklung nicht entgegen, sondern beeinträchtigen bei vielen Teilnehmern die Qualität des Lernens.

Ältere müssen aktiv in den Lehr-Lern-Prozess eingebunden werden und benötigen mehr den Einsatz von Aneignungsdidaktik als jüngere. Auch hier läuft die Entwicklung in der Praxis oftmals konträr zu den Anforderungen. Bei älteren Vertriebsmitarbeitern sollte man aus den genannten Gründen längere Phasen des Nichtlernens vermeiden. Auch muss man der älteren Verkäufergeneration noch viel stärker als bei jungen Verkäufern darauf achten, das die Zielstellung des Lernens keinesfalls darin bestehen darf, die Lernenden umzuerziehen und damit zwangsläufig den Versuch zu unternehmen, ihre Deutungsmuster zu verändern. Erwachsene ändern ihre Deutungsmuster nur dann, wenn sie es wollen, nicht, wenn sie es sollen (Siebert 2000).

20.2 Die Rolle der Führungskräfte in kompetenzentwickelnden Trainings

Vertriebsführungskräfte sind, wie der Name schon sagt, Vertriebsspezialisten und in aller Regel keine Weiterbildungsspezialisten und berufspädagogisch selten qualifiziert. Dennoch treffen sie oft Entscheidungen, welche die Weiterbildung ihrer Mitarbeiter betreffen. Die Vergangenheit hat bewiesen, dass solche Entscheidungen sehr oft zu Maßnahmen führten, die keinen Return on Investment eingespielt haben. Ja, manche Kritiker gehen noch weiter und behaupten, oftmals hätte man das investierte Geld auch zum Fenster hinauswerfen können. Andere behaupten, dass Vertriebsweiterbildungen, so wie sie häufig durchgeführt werden, sogar schädlich statt förderlich sind.

Führungskräfte treffen Entscheidungen für Vertriebstrainings in vielen Fällen immer noch ad hoc und orientieren sich dabei nicht an der strategischen Aussichtung und an den strategischen Zielsetzungen des Unternehmens. Warum ist das gerade im Vertrieb so? Vertriebsführungskräfte glauben zu wissen, worauf es in Vertriebsweiterbildungen ankommt, weil sie ja in den meisten Fällen selbst über Jahre Verkaufsmitarbeiter waren. Diese »unbewusste Inkompetenz« – um den pädagogischen Fachbegriff zu benutzen – entsteht, weil die Vertriebsführungskraft glaubt, dass es bei Vertriebsweiterbildungen hauptsächlich auf die Inhalte ankäme, die ein sogenannter »starker Trainer« vermittelt. Durch den Halo-Effekt (Überstrahlungseffekt) bedingt, glauben viele Entscheider, dass ein bekannter und »starker Trainer« nicht nur rhetorisch besonders gut ist, sondern auch didaktisch Top-Leistungen erbringt. Die Erkenntnis, dass wissensvermittelnde und oft nur an Fachinhalten festgemachte Trainings mit geringem Selbststeuerungsgrad in der heutigen Zeit kaum noch Wirkung erzielen, weil sie nicht zur Kompetenzentwicklung beitragen, muss bei den Vertriebsführungskräften erst noch reifen.

Die eigenen Deutungsmuster der Führungskräfte als Entscheider sind maßgeblich daran beteiligt, wie Weiterbildung für Verkäufer letztlich gestaltet wird. Diese Deutungsmuster zu verändern wäre in vielen Fällen sinnvoll. Da die Wissenschaft schon seit mehr als 20 Jahren die Notwendigkeit kompetenzbildender Weiterbildung propagiert, wäre es an der Zeit, sich als Führungskraft drüber stärker zu informieren und die Chance zu nutzen, dem Ziel schneller näher zu kommen.

Sinnvolles Bildungscontrolling wird ja schließlich nur in den wenigsten Fällen seitens der Unternehmensleitung erwartet, sodass letztlich niemand so richtig weiß, was eine Maßnahme ökonomisch eingespielt hat. Da Weiterbildung im Vertrieb, wie bereits dargestellt, heute zeitlich oft zu knapp bemessen und auf ein Minimum reduziert ist, sind gute Lernergebnisse, die auch in die Praxis transferiert werden können, oft gar nicht möglich. Kompetenzentwickelnde Trainings sollten deshalb unbedingt durch Weiterbildungsprofis mit entsprechender Qualifikation entwickelt, durchgeführt und evaluiert werden. Das gilt sowohl für innerbetriebliche Personalentwickler als auch für externe Verkaufstrainer. Die Aufgabe der Führungskraft ist dabei, Teilfunktionen des Weiterbildungsprozesses selbst zu übernehmen und den gesamten Prozess in einer berufspädagogisch sinnvollen Form zu begleiten. Dazu gehören auch Maßnahmen, die den Transfer des Erlernten in die Praxis ermöglichen, fördern und evaluieren. Das wird aber überall dort, wo klassisch geführt wird, wo also »Management bei Exception« und »Contingent Reward« die bestimmenden Führungselemente sind, kaum gelingen. Weiterqualifikation der Verkaufsmitarbeiter gelingt vielmehr dann, wenn transformationale Führungselemente die Führungspraxis bereichern und bestimmen.

20.3 Die Rolle des Trainers oder die Rolle des Lernbegleiters

Moderne Trainer nehmen in einer Welt der kompetenzbildenden Trainings eine völlig andere Rolle ein, als in klassischen belehrenden Weiterbildungsveranstaltungen. Die wichtigste Erkenntnis, die Trainer zunächst verinnerlichen müssen, ist die Tatsache, dass jeder Mensch sein Wissen selbst konstruiert. Wissen kann von einem Menschen auf einen anderen nicht wie in der Computertechnik von einer Festplatte eins zu eins auf einen Stick übertragen werden.

Schon der brasilianische Pädagoge Paulo Freire (2009) wird in Lerntexten zur Ausbildung von Berufspädagogen bei der Gesellschaft für Ausbildungsforschung und Berufsentwicklung München mit der »Kübeltheorie der Pädagogik« zitiert. Ein Lehrer/Trainer kommt mit einem vollen Wissenskübel und versucht, dessen Inhalt an die Schüler/Seminarteilnehmer zu verteilen. Der Trainer ist im modernen kompetenzbildenden Verkaufstraining kein Vordenker mehr, der einen Wissenskübel bereithält, er lässt vielmehr Lösungen für Problemstellungen durch die Teilnehmer (Teilnehmergruppen) selbst erarbeiten und diskutiert die Ergebnisse mit den diesen. Jeder Teilnehmer arbeitet selbst am eigenen Wissenskübel und gestaltet und füllt diesen selbst. Nur so können die Teilnehmer neue Kenntnisse, neue Fähigkeiten und Fertigkeiten entwickeln und in der Praxis anwenden. Das, was wirkliches Trainerkönnen ausmacht, ist die didaktische und methodische Gestaltung der Maßnahmen, nicht die Darstellung und das Vortragen von vorgedachten Inhalten.

Die Fähigkeit, sich auf die Teilnehmer und deren Lösungen einzulassen, ist nicht jedem Trainer von Natur aus gegeben, in der Regel muss dieser sich zunächst selbst in einen Trainingsprozess begeben, um von der klassischen Methodik der Wissensvermittlung wegzukommen. Für Verkaufstrainer erweist es sich in der heutigen Zeit als günstig, wenn Sie sich zum Geprüften Berufspädagogen oder zum Berufspädagogen B.A. qualifizieren. Berufspädagogen, deren Aufgabe es ist, die Kompetenzen der Bildungsteilnehmer weiterzuentwickeln, haben in ihrer Ausbildung den richtigen Einblick in das Lernverhalten von Erwachsenen erhalten, wissen also, wie Erwachsene lernen, wie diese sich Lernen vorstellen und auch, was die Gründe sind, die Erwachsene am Lernen hindern.

Die derzeit im deutschen Markt angeboten Trainerausbildungen reichen deshalb in der Regel nicht aus und sollten nur als ein zusätzlicher Baustein in der fachpädagogischen Ausbildung von Trainern und Lernbegleitern gesehen werden, da die didaktisch und pädagogisch notwendigen Grundlagen nicht vermittelt werden.

Lernbegleiter haben die Aufgabe, die Sichtweisen der Teilnehmer zuzulassen und darauf aufzubauen. Eigene Deutungsmuster als der Weisheit letzter Schluss an Weiterbildungsteilnehmer vermitteln zu wollen, ist Praxis aus der Vergangenheit und hat in modernen Lernarrangements keinen Platz mehr. Dieses Vorgehen ist eher ein Indiz dafür, dass der Lernbegleiter über wenig fachpädagogische Kenntnisse verfügt.

Der Lernbegleiter ist kein Vortragsentwickler, der mittels Powerpoint-Folien Wissen vorträgt. Er erstellt nach der Methodik des Action-Learning Aufgaben, die von den Teilnehmern in Gruppen zu lösen sind. Während des Lösungsprozesses greift er nur ein, wenn eine Gruppe ins Stocken gerät. Im Anschluss bespricht er die von den Gruppen erarbeiteten Lösungen in Diskussionsrunden (Debriefing).

Diese Vorgehensweise ist der Aneignungsdidaktik zuzuordnen. Wie schon an mehreren Stellen in diesem Buch erwähnt, ist es in einigen Bereichen der Verkäuferweiterentwicklung auch notwendig, Wissens zu vermitteln. Nur brauchen wir dafür keine Seminare, weil Seminare für die reine Vermittlung von Wissen zu aufwendig und damit zu teuer sind. Diese Art wissensvermittelnder Seminare eignen sich außerdem für den Praxistransfer des Erlernten nicht. Hierfür müssen, soll das Lernen erfolgreich sein, zusätzliche Lernformate zum Einsatz kommen, die erst den Transfer in die Praxis ermöglichen.

Für den Praxistransfer eignet sich arbeitsintegriertes Lernen in jeder Form besser als Seminarlernen. So liegt es denn heute nahe, bei kompetenzentwickelnden Weiterbildungen nicht unbedingt von Seminarlernen auszugehen, sondern dieses nur als einen Bestandteil einer Weiterbildung zu betrachten. Es ist wichtig, immer die geeigneten Lernformate unter Berücksichtigung der Wirtschaftlichkeit und Effektivität zu betrachten und anzuwenden.

20.4 Die Verwendung unterschiedlicher Lernformate

Mit dem Begriff Blended-Learning werden oft lediglich die Formate E-Learning und Seminarlernen in Kombination verbunden, wobei E-Learning bei der Schulung von Verkaufsmitarbeitern in der heutigen Praxis meist nur zur Vermittlung fachlichen und methodischen Wissens wie z. B. bei Produktschulungen eingesetzt wird. Blended-Learning richtig verstanden meint aber im eigentlichen Sinn gemischtes Lernen und beschränkt sich nicht auf Seminar- und E-Learning, sondern bezieht sich auf alle Lernformate und deren Kombination.

Ein Baustein der Verkäuferqualifikation kann beispielsweise auch ein arbeitsintegriertes Training sein, das meist in Form von Begleitbesuchen durchgeführt wird. Darunter versteht man im Vertrieb die Begleitung von Verkaufsmitarbeitern im Job oder die Begleitung des Verkaufsinnendienstes bei Kundentelefonaten. Weniger zum Einsatz kommt im Vertrieb das Corporate Learning, obwohl es gerade in diesem Unternehmensbereich hohe Erfolge erzielen kann, wenn es professionell genutzt wird.

Um Verkäuferqualifikation zu optimieren und dafür zu sorgen, dass es zu einem nennenswerten Outcome bei den Maßnahmen kommt, ist eine sinnvolle Auswahl unterschiedlicher Lernformate notwendig, die die Effektivität von Weiterbildungen verbessert. Der Weiterbildungsprozess sollte dafür zunächst in seine Einzelteile zerlegt werden, um festzustellen, mit welchen Weiterbildungsformaten welche Ziele erreicht werden sollen. Anschließend erfolgt ein sinnvolles und ökonomisches Zusammenfügen der gesamten Maßnahme nach den vier in Abbildung 6 beschriebenen Feldern für kompetenzentwickelnde Maßnahmen.

Um diesen modernen Anforderungen gerecht zu werden, um höheren Praxistransfer, flexiblere Lernmethoden, bessere Nachhaltigkeit und deutlich höheren Outcome bei Verkaufstrainings zu erzielen, wurde zu Beginn des neuen Jahrtausend von der BEST Bildungs-GmbH eine Trainingsmethode entwickelt, die sich darauf fokussiert hat, Unternehmenszielsetzung erfolgreicher, messbarer und nachhaltiger umzusetzen.

Für die Entwicklung gab es einen besonderen Anlass. Ein Kunde, ein Unternehmen der Backmittelbranche, stellte fest, dass im Zuge der massiven Filialisierungsbewegungen im Bäckereihandwerk die entstehenden Großbäckereien im Kundenportfolio unterbelichtet waren, teils keine Verkäufe an diese Kunden stattfanden oder nur geringe lückenfüllende Verkäufe zu verzeichnen waren. Die strategische Unternehmenszielsetzung, die daraus entstand, war wie folgt formuliert: »Deutlich bessere Verkäufe und bessere Kundenbeziehungen zu Großbetrieben im Bereich der Filialbäckereien erzielen«.

Die ursprüngliche Idee, die diesbezüglichen Aktivitäten durch ein klassisches Verkaufstrainingsprogramm zu unterstützen, wurde verworfen, weil kurz zuvor eine längere und weniger erfolgreiche Trainingsmaßnahme stattgefunden hatte. Sinnvoll erschien deshalb eine Maßnahme nach dem Prinzip »Lernen am eigenen Problem«. Es handelt sich hierbei um sogenanntes Action-Learning, bei dem Probleme aus der Praxis in Seminaren behandelt und die Lösungen in die Praxis zurückgeführt werden. Die Methode wird dem arbeitsintegrierten Lernen (Training near the job) zugeordnet.

Hierzu wurde ein Pilotprojekt in Nordrhein-Westfalen installiert, weil in diesem Bundesland die größten Filialisierungsbewegungen stattfanden. Zunächst wurden 160 Betriebe selektiert (20 Betriebe in jedem Verkaufsgebiet). Es wurde ein strukturierter Fragebogen entwickelt und jeder der acht Verkaufsmitarbeiter erhielt den Auftrag, diese Betriebe mithilfe dieses Fragebogens zu befragen. Die Schwierigkeit bei der Erstellung des Fragebogens bestand darin, dass dieser ursprünglich mit 15 Fragen von der BEST Bildungs-GmbH entwickelt und dann zur Diskussion an das Unternehmen übergeben wurde. Besonders die Mitarbeiter aus dem Bereich

Marketing und Vertrieb meinten nun, die Frageliste noch beliebig ergänzen zu können und es lag schließlich ein Entwurf mit mehr als 40 Fragen vor, was den Rahmen einer solchen Befragung absolut gesprengt hätte. Die Endfassung bestand dann aus einem Fragebogen mit 20 Fragen, was als das Maximum angesehen werden kann. Es ging dabei auch nicht um eine Gesamtauswertung der erhobenen Fragen. Wichtig war vielmehr, die Antworten der einzelnen Kunden zu analysieren und danach gezielte und kundenspezifische Verkaufskonzepte zu entwickeln. Die Außendienstmitarbeiter wurden angehalten, telefonisch einen Termin für die anstehende Kundenbefragung zu vereinbaren. Aus anderen ähnlichen Erfahrungen und auch durch das Anfang der 2000er-Jahre von der Unternehmensberatung McKinsey entwickelte Konzept Aktion Kundennähe (AKN) war zu erwarten, dass etwa 90 % der Zielkunden den Fragebogen beantworten würden.

Am Ende waren 92 % der Fragebögen beantwortet worden. Nachdem sich die Außendienstmitarbeiter intensiv mit den Fragebögen beschäftigt hatten, wurden Trainingssequenzen im Abstand von 14 Tagen vereinbart. Alle Mitarbeiter trafen sich zu diesen Sequenzen im Unternehmen. Die Lernsequenzen wurden nach der »Vier-Ecken-Methode« gestaltet. Da die Gruppe nur aus acht Außendienstmitarbeitern bestand, wurden auch nur zwei Gruppen à vier Personen gebildet. Ein Teilnehmer in jeder Gruppe war immer der »Fallgeber«. Der Fallgeber wählte aus seinen beantworteten Fragebögen einen aus und trug die Ergebnisse der Gruppe vor. Die Gruppenmitglieder hatten darüber hinaus noch die Möglichkeit, weitere Fragen an den Fallgeber zu richten. Dann ging die jeweilige Gruppe unter Ausschluss des Fallgebers ans Werk und suchte nach Lösungen und Konzepten für die anstehenden Situationen. Diese wurden auf dem Flipchart festgehalten und anschließend dem Fallgeber präsentiert.

Es folgte die Diskussion über die Machbarkeit und über die Bereitschaft des Fallgebers, die vorgeschlagene Lösung in den kommenden zwei Wochen umzusetzen, sodass er bei der nächsten Lernsequenz schon über das Ergebnis berichten konnte. Pro Sitzung wurden in den beiden Gruppen je vier Fälle behandelt, sodass jeder Verkäufer nach jeder Sitzung eine Umsetzungsaufgabe erhielt. Es waren also insgesamt 20 Lernsequenzen notwendig gewesen, um alle Kunden nach dem Prinzip »Lernen am eigenen Problem« zu bearbeiten. Insgesamt wurden jedoch nur acht eintägige Lernsequenzen durchgeführt. Aus den 64 bearbeiteten Zielkunden ergaben sich in der Folge 26 Neukunden, die einen Erstauftrag erteilten. Wie im Vertrieb üblich, sind aber nicht von allen 26 Neukunden Folgeaufträge platziert worden, allerdings haben immerhin 17 Kunden weitere Bestellungen getätigt. Es war möglich, sehr genau zu ermitteln, ob die erzielten Erlöse bzw. Deckungsbeiträge mit den neugewonnenen Kunden in einer guten Relation zum Aufwand standen. Dabei war interessant, dass das Pilotprojekt schon im ersten Jahr rein von den Zahlen her profitabel war.

Fragebogen zur konzeptionellen Kundenbearbeitung

1. **Worauf legen Sie beim Einkauf von Backmitteln den größten Wert.**

    (Bis zu 3 Antworten möglich; 1 = nicht so wichtig, 6 = sehr wichtig)

Qualität	1	2	3	4	5	6
Preise	1	2	3	4	5	6
Beratung	1	2	3	4	5	6
Zertifikate	1	2	3	4	5	6
Service	1	2	3	4	5	6
Innovation	1	2	3	4	5	6

2. **Nennen Sie bitte ganz spontan drei Backmittelanbieter, von denen Sie Produkte beziehen.**

    a)

    b)

    c)

3. **Unser Unternehmen hat Anzahl:**

    Filialen

    Produktionsstätten

    Bäcker

    Konditoren

4. **Wer entscheidet über den Einsatz neuer Backmittel?**

    Chef entscheidet alleine

    Chef mit Einkauf

    Kollektive Entscheidung

    sonstige Entscheidungswege _____

Tab. 2: Auszug aus einem Fragenbogen zur Kundenbefragung

Jedoch spielen auch noch andere nichtmonetäre Aspekte eine bedeutende Rolle und es muss des Weiteren berücksichtigt werden, ob mit den neugewonnenen Kunden auch in den Folgejahren Erträge erzielt werden. Wichtig und erwähnenswert in diesem Zusammenhang ist die Problemlösefähigkeit der Mitarbeiter, die sich während des Pilotprojektes deutlich verbessern konnte.

Weiter sehr interessant war die Beobachtung, dass für die Verkaufsmitarbeiter das Erlangen von Informationen wichtiger wurde und sie auch in der täglichen Arbeit dafür sorgten, den Informationsstand über die Kunden zu verbessern.

Aufgrund der sehr guten Ergebnisse entschied sich das Unternehmen für den bundesweiten Rollout des Weiterbildungsprogrammes. Da zum Zeitpunkt des Pilotprojektes bei Vertriebsfortbildungen E-Learning-Formate noch unüblich waren, die Lernbegleitung durch einen Trainer dem Unternehmen aber trotz der guten Erfolge zu aufwendig erschien, wurde beschlossen, die regionalen Führungskräfte für das Programm einzusetzen. Diese erhielten eine Weiterbildung zum Lernbegleiter und Trainer. Es stellte sich jedoch bald heraus, dass zwar in allen Regionen die Kundenbefragungen durchgeführt wurden, jedoch mit sehr unterschiedlichen Ergebnissen. Mit den Lernsequenzen wurde gut begonnen, letztlich wurden diese aber nicht konsequent durchgeführt und schliefen in allen Regionen nach etwa acht bis neun Monaten ein. Hier hat sich wie in so vielen Changeprozessen gezeigt, dass der Erfolg nicht von Dauer ist, wenn nicht konsequent von allen Seiten daran gearbeitet wird. Meiner Ansicht nach hätte die Vertriebsleitung des Unternehmens die konsequente Umsetzung besser einfordern und auch besser unterstützen müssen.

21   Das LOOP-Verkaufstrainingskonzept

Das Verkaufstrainingskonzept LOOP soll in diesem Kapitel im Einzelnen beschrieben werden. LOOP-Verkaufstraining ist bei richtiger Anwendung durchaus in der Lage, die Erfolge bisheriger Verkaufstrainings um ein Vielfaches zu übertreffen. Im Rahmen von LOOP-Verkaufstraining soll auch eine Erläuterung des pädagogisch-didaktischen Sinns der Maßnahme erfolgen.

Wie an vorhergehenden Stellen in diesem Buch bereits erwähnt, gehen wir davon aus, dass Verkäufer in allen Verkaufsbereichen in der Zukunft in erster Linie damit beschäftigt sein werden, Problemstellungen der Kunden zu lösen. Dies besser zu tun als der Wettbewerb, wird zu einem wichtigen Erfolgsparameter im Verkaufsgeschehen und erfordert hohe Problemlösekompetenzen aufseiten der Verkaufsmitarbeiter.

Hier setzt LOOP-Verkaufstraining an. Die Hauptzielsetzung von LOOP-Verkaufstraining ist die Entwicklung der Problemlösefähigkeit und damit verbunden den Problemlösekompetenzen. Nun könnte der eine oder andere Verkäufer dagenhalten: »Ich habe keine Schwierigkeiten die Probleme meiner Kunden zu lösen.« Bei der Entwicklung von Problemlösefähigkeiten geht es jedoch nicht nur darum, derzeitig anstehende Probleme zu lösen, sondern auch die Fähigkeit zu entwickeln, heute unbekannte, in der Zukunft liegende Problemstellungen zu meistern. Genau dafür sind klassische Verkaufstrainings, wie bereits dargestellt, völlig ungeeignet

Das LOOP-Verkaufstraining möchte Problemlösekompetenzen für das Lösen von Problemstellungen heute und in der Zukunft entwickeln. Dafür sind praktische Lernsequenzen anstatt vermittelnder Vorträge im Seminarraum notwendig.

LOOP-Verkaufstraining möchte auch die dazu notwenigen Methodik und die methodischen Kompetenzen entwickeln. Wer über Problemlösekompetenzen verfügen will, muss auch die entsprechenden Methoden, die der Problemlösung dienen, kennen und anwenden können. Hierzu ist es zunächst wichtig, entsprechende Methoden zu vermitteln. Die Vermittlung allein nützt allerdings wenig, es muss auch sichergestellt werden, dass diese Methoden angewendet werden können. Während die reine Methodenvermittlung per E-Learning (Webinarform) stattfindet, wird in den Seminaren die Anwendung der Methoden praktisch geübt und trainiert.

LOOP-Verkaufstraining möchte in den Lernsequenzen gefundene Problemlösungen in die Praxis umsetzten. Das erfolgt in der Regel durch den Fallgeber, der die Problemstellung eingebracht hat. Es hat sich jedoch herausgestellt, dass andere Teilnehmer der Gruppen in der vorgeschlagenen Lösung auch für sich selbst Möglichkeiten erkennen (vielleicht in abgewandelter Form), bei dem einen oder anderen Kunden und Interessenten weiterzukommen. So ergeben sich aus den Lernsequenzen Multiplikationseffekte von hoher Bedeutung.

Eine LOOP-Seminargruppe kann, ohne dass die Effizienz darunter leidet, bis zu 20 Teilnehmer haben, jedoch sollten es nicht weniger als acht Teilnehmer sein, weil immer eine Zerlegung der Gesamtgruppe in Vierergruppen erfolgt. Eine Vierergruppe besteht immer aus einem Fallgeber und drei Lösungsgebern. Zu Beginn eines Seminares muss sichergestellt sein, dass genügend Fallgeber vorhanden sind, um letztlich keine Zeit mit der Suche nach Fallgebern zu vertun. Es können z. B. in den vorher laufenden Webinaren schon Fallgeberschaften vergeben werden.

Zwar wäre es auch möglich, die Methodenlehre im Seminar voranzustellen, das LOOP-Verkaufstraining beginnt jedoch grundsätzlich mit Webinaren, und zwar auf folgenden Gründen:

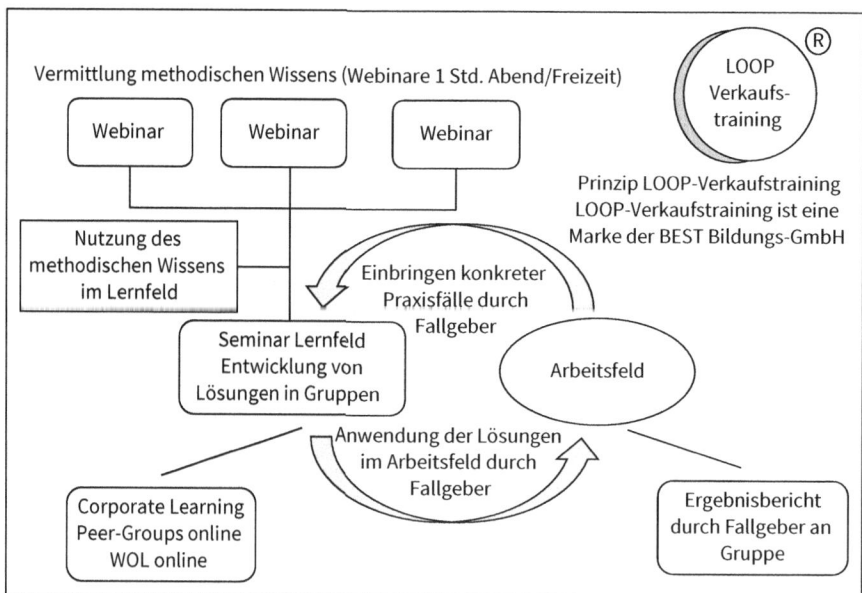

Abb. 23: LOOP-Verkaufstraining

1. Webinare können in kleinen Einheiten z. B. von einer Stunde in den Abendstunden durchgeführt werden, wodurch keine Arbeitszeit verloren geht. Es lässt sich sicher darüber streiten, ob Weiterbildung der Mitarbeiter in der Freizeit stattfinden sollte, meiner Meinung nach sollte dies aber kein Tabu mehr sein.

2. Lernen erfolgt jederzeit und lebenslang und gerade, wenn es um die Vermittlung methodischer Inhalte geht, ist der Erwerb dieses Wissens nicht nur auf die Arbeit im derzeitigen Job begrenzt, sondern mehr allgemeiner Natur. Bei der Überlegung, wie viel Zeit Wissensvermittlung und Kompetenzentwicklung in Anspruch nehmen darf, wird zunehmend deutlich, dass die Anpassungsqualifizierung von Jahr zu Jahr immer mehr zunimmt. Das trifft auf den Vertrieb besonders zu, weil kürzere Produktlebenszyklen, schnellere Marktveränderungen, schnellere Veränderungen der Kunden, der Mitbewerber und auch des eigenen Unternehmens schnellere Wissensanpassung notwendig machen. Da die Entwicklung von Kompetenzen enorme Anstrengungen und Zeitaufwendungen erfordert, wäre es fatal, die Wissensvermittlung, die auf vielen anderen Wegen als im Seminar stattfinden kann, weiterhin in Seminaren zu belassen. Während sich die Kosten für ein zweitägiges Seminar mit zwölf Verkaufsmitarbeitern schnell auf 30.000 Euro belaufen können, liegen die Kosten für ein Webinar, das außerhalb des Arbeitstages stattfindet, bei etwa 300 Euro. Selbst wenn statt eines Seminartages acht Webinare von jeweils einer Stunde durchgeführt würden, entstünden nur Kosten in Höhe von 2.500 Euro, wobei bei der Berechnung der Webinarkosten angenommen wurde, dass jedes Mal ein Tutor anwesend ist. Wissensvermittlung lässt sich jedoch auch ohne Tutor (asynchron) und somit noch kostengünstiger durchführen. Das kann dann allerdings schnell zulasten der Qualität gehen.

3. Webinare können im Bereich der Wissensvermittlung wesentlich effizienter sein als Seminare. Wenn ein Seminartag (bestehend aus acht Unterrichtsstunden) in acht Sequenzen von je einer Unterrichtsstunde aufgeteilt werden kann, die dann an unterschiedlichen Tagen stattfinden, bleibt das vermittelnde Wissen präsenter und kann zudem zwischen den einzelnen Präsenzen vertieft werden.

4. Auch können Themen mühelos durch Webinarerweiterungen breiter oder kompakter vermittelt werden.

5. Es können Wiederholungen in beliebiger Zahl stattfinden, somit ist die Nachhaltigkeit besser gewährleistet als bei vermitteltem Seminarlernen. Es können zwischen den einzelnen Webinaren Surveys eingesetzt werden, die als ein Art Lernkontrolle fungieren, dem Teilnehmer aber auch genau seinen Wissensstand aufzeigen. Derartige Selbstreflexionen wirken sich sehr lernmotivierend aus.

6. Das bedeutet insgesamt, dass Wissen, das in einem Seminar aus Zeit- und Kostengründen sehr kompakt vermittelt werden muss, bei geringen Kosten zeitlich so verteilt werden kann, dass deutlich bessere Lernergebnisse und deutlich bessere Nachhaltigkeit des Lernens entstehen. Das in der Vermittlungsphase Erlernte kann in der Seminarphase und auch als horizontaler Lerntransfer besser in der Praxis angewendet werden. Weiterhin lassen sich in Blended-Learning-Konzepten heute ganz wunderbar Möglichkeiten selbst gesteuerten Lernens in Gruppen integrieren (Corporate Learning). Dies kann in Form von »Working out Louds« (WOL) oder in Form von Online-Peergroups erfolgen. Gemeinsames Lernen im Erfahrungsaustausch stößt derzeit auf ein breites Interesse, weil gute Ergebnisse erzielt werden. In einem Blended-Learning-Konzept kann einfach und ohne großen Aufwand entschieden werden, Möglichkeiten des Corporate Learnings in die Maßnahme miteinzubeziehen. Die Durchführung von Corporate-Learning-Veranstaltungen in Präsenzform (z. B. Barcamps) führt ebenso wie die Wissensvermittlung zu hohen Durchführungskosten, während die Online-Versionen nur geringfügige Kosten verursachen.

7. Webinare können sehr flexibel genutzt werden. So kann z. B. im LOOP-System jeder Fallgeber über sein Gesprächsergebnis beim Kunden im Webinar an die anderen Teilnehmer berichten. Wenn das Kundengespräch nicht erfolgreich war, kann eine weitere Runde für eine Lösungsfindung eingerichtet werden. Es kommt letztlich auf die Medienkompetenz der Mitarbeiter an, wie effektiv und wie intensiv Webinare genutzt werden. Je stärker Webinare in Maßnahmen einbezogen werden, umso intensiver entwickeln sich aber auch als Folge die Medienkompetenz und auch die Selbstlernkompetenzen der Teilnehmer.

21.1   Die Lehrenden im LOOP-Konzept

Der Trainer als ein belehrender Experte passt nicht in das Konzept des LOOP-Verkaufstrainings. Bestenfalls in dem durch Webinare gestalteten Vermittlungsteil kann er seine bisherige Philosophie noch umsetzen. Dennoch gelingt das auch nicht ohne Weiteres. Auch Webinarlernen hat seine Besonderheiten, die ein Trainer berücksichtigen muss.

Hier sind Kompetenzen im Bereich des medialen Unterrichts unbedingt erforderlich, um zu guten Lernergebnissen bei den Teilnehmern zu kommen. Hierzu gehören Handlungsfähigkeiten in den Bereichen Medienpädagogik, Mediendidaktik und Medieninformatik. Darüber verfügen allerdings die meisten Trainer, Dozenten und Coaches nicht. Vielleicht gerade deshalb ist der Eindruck entstanden, Webinare, das kann doch jeder. Es wird nicht bestritten, dass fast jeder Webinare entwickeln und durchführen kann, wie die Praxis ja zeigt. Die qualitativen Unterschiede sind jedoch enorm und nach Einschätzung des Autors sind nur etwa 10 % aller angebotenen Webinare auf einem befriedigenden qualitativen Niveau. Doch auch wenn wir den Bereich der Webinare verlassen und uns dem Teil des LOOP-Konzeptes zuwenden, dass in Seminarsequenzen stattfindet, stellt sich die Frage, inwiefern diese Form des Trainings, rein von der Didaktik her, von Trainern, Dozenten und Coaches, die sich im Markt befinden, geleistet werden kann. Wie bereits im ersten Teil des Buches dargestellt, ist das Verständnis dafür, was einen guten Trainer ausmacht, bei vielen im vergangenen Jahrtausend stehen geblieben, sie sind der seit den 1990er-Jahren existierenden konstruktivistischen Lehre nicht gefolgt und verweilen noch immer bei der behavioristischen Sichtweise.

Ein konkretes Beispiel für LOOP-Verkaufstraining

Wir gehen in unserem Beispiel davon aus, dass ein Distributeur für technische Consumerartikel bei wichtigen und ausgewählten Kunden mehr Produktlinien (vorrangig Musikanlagen und Kopfhörer) platzieren und somit die Marktposition bei diesen Kunden ausbauen möchte. Begleitend zu der Umsetzung soll ein LOOP-Verkaufstraining durchgeführt werden.

Vor Trainingsbeginn erfolgt eine Befragung der wichtigen Kunden mittels eines strukturierten Fragebogens durch den Außendienst. Der Fragebogen hierzu soll durch Produktmanager, Verkäufer, Verkaufsleiter und Trainer entwickelt werden und sich auf max. 20 Fragen begrenzen. Die Befragung soll dahingehend erfolgen, dass die Verkäufer bei den Zielkunden den Marktleiter und den zuständigen Abteilungsleiter befragen. Die Befragung erfolgt mittels persönlichen Interviews und wird telefonisch angekündigt. Die Befragung wird durch den Außendienst durchgeführt. Die Ergebnisse der Befragung dienen dem Außendienstmitarbeiter später in seiner Funktion als Fallgeber bei seinem Briefing der anderen Teilnehmer seiner Gruppe.

Das Training beginnt mit einer Befragung der Zielkunden, die es zu gewinnen gilt, um sicherzustellen, dass einerseits die notwendigen Informationen einheitlich vorhanden sind, andererseits aber auch die individuellen Wünsche des Zielkunden zum Vorschein kommen und bei der späteren Lösungsfindung Berücksichtigung finden. Neben der Befragung, die in einem genau definierten Zeitraum stattfindet, werden die Webinare mit den Teilnehmern durchgeführt.

Hierzu wird ein Kollaborationsserver wie z. B. »Adobeconnect« oder »Citrix go to webinar« benötigt. Insgesamt werden drei bis fünf Webinare im Zeitraum von drei Wochen durchgeführt. Es folgen Kontrollaufgaben in einem sogenannten Survey. Die Teilnehmer erhalten eine Bewertung ihrer Kontrollfragen und erhalten anhand des Surveys eine Selbstreflexion ihres erreichten Wissenstandes. Das wiederum dient der Selbstmotivation. Die Webinare selbst beinhalten klassische Verkaufsthemen:

- Webinar 1: Bedarf- und Bedürfnisanalyse
- Webinar 2: Fragetechniken
- Webinar 3: Argumentationstechnik
- Webinar 4: Strategisches Verkaufen
- Webinar 5: Richtiger Umgang mit Einwänden und Abschlusstechnik

Die Webinare sind in Form von Powerpoint-Folien verfasst und dienen dem Teilnehmer als Lernunterlage. Die Folien können online bearbeitet oder downgeloaded werden.

Nach der Webinarphase, etwa nach drei Wochen, wird zu einem eintägigen Präsenzseminar eingeladen und ein Online-Survey durchgeführt.

Vor dem Präsenzseminar erhalten die Teilnehmer durch den Trainer eine Auswertung des Surveys. Zu Beginn des Präsenzseminares werden Paarinterviews durchgeführt, in denen noch einmal der Kenntnisstand bezogen auf die Webinarinhalte festgestellt wird. Dazu erhält jeder Teilnehmer ein Kartenpaket mit vier Karten, auf denen die Fragen mit den Antworten bzw. Musterlösungen stehen. Jeder Teilnehmer sucht sich einen Partner und stellt in dieser Paarkonstellation seine erste Frage. Hat der Partner geantwortet, stellt dieser aus seinem Kartensatz eine Frage. Nachdem jeder zwei Fragen gestellt hat, die vom Interviewpartner beantwortet wurden, erfolgt ein Partnerwechsel mit der gleichen Prozedur. Der Trainer schaut sich an den Tischen mit den einzelnen Paarkonstellationen während der Paarinterwies um und beobachtet. Er gibt keine Antworten auf Fragen.

Die Antworten werden, wenn die Befragten nicht antworten können, von den Fragenstellern gegeben. Der Trainer erhält dadurch ein gutes Gefühl dafür, wie der Wissensstand in der Gruppe ist. Auf die erworbenen Kenntnisse soll in dem Seminar dann nicht mehr eingegangen werden, sie sollen vielmehr von den Teilnehmern in den vorgestellten Praxisfällen genutzt werden, um zu guten Lösungen zu kommen. Nach den Paarinterviews erfolgt der Aufbau nach der Vier-Ecken-Methode.

Gehen wir davon aus, dass zwölf Teilnehmer im Seminar sind, dann können drei Gruppen in der Vier-Ecken-Methode mit jeweils einem Fallgeber und drei Problemlösern gebildet werden oder vier Gruppen in der Drei-Ecken-Methode mit jeweils 1 Fallgeber und 2 Problemlösern. Ich selbst bevorzuge Vierergruppen. Jede Gruppe erhält ein Flipchart, diese werden in den Ecken des Seminarraumes aufgestellt. Wenn andere Materialien benötigt werden, werden diese den Gruppen ebenfalls bereitgestellt. Für die einzelnen Ecken werden nun die Fallgeber festgelegt. Diese haben die Aufgabe, die Situation bei dem ausgewählten Interessenten/Kunden genau zu beschreiben. Das Fragebogenergebnis kann dabei zu-

Abb. 24: Paarinterview (Foto: iStock)

hilfe genommen werden. Die Problemlöser der Gruppe stellen nach der Situationsbeschreibung weitere Fragen an den Fallgeber. Ist die Situationsbeschreibung und die Befragung abgeschlossen, nimmt der Fallgeber eine Auszeit und die restlichen Teilnehmer der Gruppe suchen nach einer Lösung für die weitere Bearbeitung des Kunden. Hierzu haben sie maximal eine Stunde Zeit. Ist die Lösung gefunden und auf dem Flipchart präzise festgehalten worden, kommt der Fallgeber wieder ins Spiel.

Die erarbeitete Lösung wird mit ihm besprochen und seine Meinung zum Lösungsvorschlag eingeholt. In einem weiteren Schritt machen alle Teilnehmer einen Rundgang und schauen sich die Flipcharts der anderen Gruppen an. Alle Teilnehmer haben die Möglichkeit zu hinterfragen und weitere Ideen einzubringen. Nach dem Abschluss dieser Runde werden die Fallgeber gebrieft, die Lösungen wie besprochen beim Kunden umzusetzen und die Ergebnisse der Kundenbesuche der kompletten Runde mitzuteilen. Das kann in einem weiteren Seminar oder in einem Webinar geschehen.

Die in diesem Buch beschriebene vierstufige Methode zur Kompetenzentwicklung wird in dem Trainingsprogramm LOOP sehr kompakt und vollständig umgesetzt. Jeder Kunde kann dabei entscheiden, welche Teile das Training enthalten soll und in welcher Intensität das Training durchgeführt werden soll.

Das Schema in Abbildung 25 zeigt, wie zwischen den Webinaren, den Workshops und der Umsetzung beim Kunden eine Trainingssequenz in Form von Online-Rollenspielen in das Trainingsprogramm eingeschoben werden kann, ohne den Zeitaufwand und die Kosten wesentlich in die Höhe zu treiben.

Um solche Trainingsteile problemlos einschieben zu können, ist es wichtig, dass im Unternehmen entsprechendes Equipment vorhanden ist und auch die entsprechenden Freigaben seitens der EDV vorhanden sind, um die Online-Sequenzen reibungslos einzubauen. Die Kosten hierfür sind ebenfalls überschaubar, wenn die Zusammenarbeit mit einem Trainer erfolgt, der über die entsprechende Software und über die geeigneten Server verfügt. Selbstverständlich muss auch der Trainer, oder nennen wir ihn in diesem Falle besser Lernbegleiter, über Knowhow und genügend Erfahrung im Bereich E-Learning und Blended-Learning verfügen.

Das auf den vorigen Seiten vorgestellte LOOP-Verkaufstraining kann je nach Kundenwunsch in unterschiedlichen Formaten durchgeführt werden. E-Learning bietet heute die Möglichkeit, alle Einheiten, vom Paarinterview über Rollenspiele bis zur Vier-Ecken-Methode als Online-Sequenzen abzubilden. Dazu braucht der Lernbegleiter oder Trainer eine gute Ausbildung als Erwachsenenbildner und muss über das entsprechende Equipment und Knowhow im Bereich E-Learning verfügen. Das Können des Trainers darf sich im Bereich E-Learning nicht nur auf die Durchführung vermittelnder Webinare beschränken.

Erst mit der Durchführung sinnvoller Online-Rollenspiele, wirkungsvoller Gruppenarbeiten und flankierender Maßnahmen wie zum Beispiel »Koping« lassen sich die Kosten für kompetenzbildende Weiterbildungsmaßnahmen deutlich reduzieren. Die Effizienz kann dadurch um ein Vielfaches verbessert werden.

Gerade beim E-Learning gilt es, die richtige Methodik auszuwählen, um die Lernzielsetzung erreichen zu können. Auch hier wird zwischen lehrerzentriertem und lernerzentriertem Lernen unterschieden und beim Trainer muss die Kenntnis dafür vorhanden sein, mit welcher Form des E-Learnings welche Zielsetzungen erreicht werden können. E-Learning in alle seinen Formen und Möglichkeiten kundenindividuell und maßnahmenspezifisch einzusetzen, vermögen bisher nur wenige Verkaufstrainer.

In der bereits erwähnten Befragung der BEST Bildungs-GmbH von Vertriebsführungskräften und Personalentwicklern in mittelgroßen und großen Unternehmen wurde u. a. auch erhoben, wie sich diese Unternehmen künftige E-Trainer vorstellen. Es kam sehr klar und eindeutig dabei heraus, dass sich Unternehmen im Bereich des Verkaufs Verkaufstrainer wünschen, die sich in Sachen E-Learning entsprechend qualifiziert haben. Bei Verkaufstrainern herrschte bis dahin die Meinung vor, Verkaufstraining wird nie in Form von E-Learning durchgeführt werden können, weil dabei die kommunikativen und sozialen Aspekte fehlen. Sie vertraten die Meinung, dass Verhaltenstraining nur in Seminaren erfolgreich durchgeführt werden kann. Mit Web 2.0 wurde jedoch der kommunikative Austausch im Bereich E-Learning besser möglich und außerdem machte das Konzept des Blended-Learnings, der Mix aus E-Learning und Präsenztraining, selbst einen gewaltigen Sprung nach vorne.

Doch auch an dieser Entwicklung nahmen nur wenige Verkaufstrainer teil. Erst in den letzten Jahren ist nun durch den Druck des Marktes zu erkennen, dass

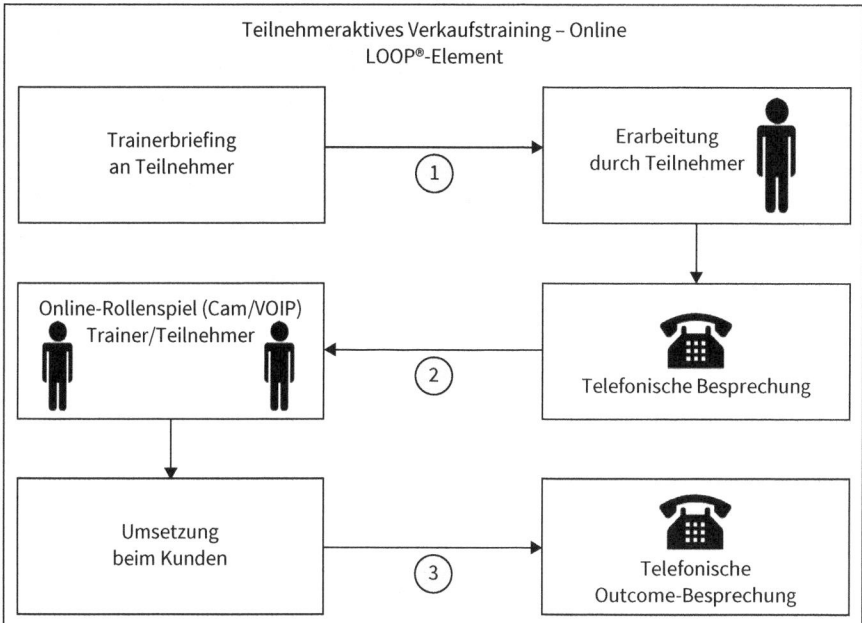

Abb. 25: LOOP-Verkaufstraining Basic-Elemente

Verkaufstrainer sich den Bereichen E-Learning und Blended-Learning stärker widmen. Fast jeder Verkaufstrainer, der etwas auf sich hält, bietet nun plötzlich E-Learning- und Blended-Learning-Maßnahmen an. Es bleibt aber die Tatsache, dass diese in Sachen E-Learning und Blended-Learning, bis auf wenige Ausnahmen, nicht ausreichend qualifiziert sind und nicht über die Kompetenzen verfügen, die für solche Maßnahmen benötigt werden. Hier wird an die im Seminar praktizierte Vermittlungsdidaktik angeschlossen und die gleiche Methode wird im E-Learning fortgesetzt. Die zusätzliche Anwendung von E-Learning erfolgt nicht aus innerer Überzeugung, sondern weil der Markt es will und kein Weg mehr daran vorbeiführt. In Gesprächen mit Verkaufstrainern stelle ich immer wieder fest, dass noch immer von Trainingstagen gesprochen wird und nicht von Trainingsmaßnahmen.

Dabei kommt es heute darauf an, die sehr unterschiedlichen Lernaktivitäten, die letztlich die Weiterbildungsmaßnahme ausmachen, so aufeinander aufzubauen, dass das gewünschte Ergebnis erreicht werden kann. Verkaufstraining ist somit ein didaktischer Prozess, der natürlich vom Trainer didaktische Kompetenzen erfordert. Damit muss die Qualität eines Verkaufstrainings neu definiert werden. Verkaufstrainingsqualität ist didaktische Qualität und die sinnvolle Kombination unterschiedlicher Lernformate, die zu hoher Effizienz des Verkaufstrainings führen müssen.

Wenn wir über kompetenzentwickelnde Weiterbildung in der Verkaufspraxis reden, dann sprechen wir also nicht mehr über die herkömmlich praktizierten ein- und zweitägigen Präsenztrainings, die in Seminarräumen durchgeführt werden, sondern von Konzepten und Maßnahmen, die mittel- bis langfristig angelegt sind, um die gegebene Zielsetzung auch wirklich erreichen zu können. Kompetenzentwickelnde Weiterbildung im Vertrieb besteht idealerweise aus einem Mix aus Wissensvermittlung, Wissensverarbeitung, Praxistransfer und Austausch in Netzwerken. Welche Formate dabei verwendet werden, ist nicht entscheidend. Wichtig ist, dass wissensverarbeitendes Lernen (Aneignungsdidaktik) auch wirklich wissensverarbeitendes Training ist und das Transfertraining in die Praxis auch den Prinzipien des Handlungslernens entspricht. Wenn diese didaktische Folge nicht exakt eingehalten wird, dann ist die Kompetenzentwicklung einer Trainingsmaßnahme von vorne herein schon gefährdet. In Abbildung 25 ist leicht zu erkennen, dass auf einfache Art und Weise beim Training alle vier Stufen, die für Kompetenzentwicklung notwendig sind, bedacht werden. Die Wissensvermittlung erfolgt durch Webinare. Im LOOP-Konzept sind es tutorbegleitete Webinare, also synchrones E-Learning, in denen Teilnehmer Diskussionsbeiträge liefern, direkte Fragen stellen und auf Diskussionsbeiträge anderer Teilnehmer eingehen können.

Diese Form der Wissensvermittlung eignet sich besonders, weil sichergestellt werden kann, dass nicht nur Faktenwissen vermittelt, sondern auch Begründungswissen geliefert wird. Die Trainingsentscheider können im LOOP-Konzept zwischen ca. 50 Webinaren wählen und einen Mix aus mehreren Webinaren zusammenstellen.

Beim LOOP-Verkaufstraining sind Webinare, Workshops und Seminare in eine sinnvolle Reihenfolge gebracht und alle Elemente haben die gleiche Wertigkeit. Oft wir im Zusammenhang mit Weiterbildungsmaßnahmen von vorgeschalteten oder nachgeschalteten Webinaren gesprochen. Allein diese Begriffe suggerieren eine geringere Wertigkeit von Webinaren im Vergleich zu Präsenzseminaren. Von dieser Betrachtungsweise sollten wir Abstand nehmen und alle Elemente als gleich wichtig ansehen, denn alle Elemente tragen zur Zielerreichung bei. Alles was im Seminar gelernt werden kann, kann in der gleichen Intensität auch im Bereich E-Learning erlernt werden. Wenn sich hier Defizite zeigen, dann liegt es nicht an den technischen Möglichkeiten, sondern meist an der Medienkompetenz der Teilnehmenden und deren innerer Haltung gegenüber E-Learning.

Die Gestaltung von kompetenzbildenden Verkaufstrainings kann sehr vielfältig sein und alle möglichen Formate und technische Lösungen einbinden. So kann es auch eine gute, praktikable und effiziente Methode sein, das bisher so hochaufgehängte Seminar einfach mal wegzulassen und eine Kombination aus E-Learning und arbeitsintegriertem Training zu wählen.

BEISPIEL

In einem Webinar wurde die SWOT-Analyse (SWOT = Strengths/Stärken, Weaknesses/Schwächen, Opportunities/Chancen, Threats/Risiken – ein Instrument der strategischen Planung) besprochen und nun sollten die Teilnehmer zur Lösung einer Problemstellung eine solche SWOT-Analyse erstellen, so, wie es der Problemlösung dienlich wäre. Die Teilnehmer waren also aufgefordert, die SWOT-Analyse in einer Praxisaufgabe situationsbezogen einzusetzen. Derartige Aufgaben stellen sich oft als sogenannte »dosierte Überforderung« dar.

Dosierte Überforderung ist notwendig, weil die Teilnehmer das, was sie schon können, nicht mehr zu lernen brauchen und durch Neues gefordert werden müssen, um Ihr Können zu erweitern. Eine Gefahr besteht darin, dass die Anforderung zu hoch ist und das zu einer Überforderung führt. Die dosierte Überforderung versucht, hier dir Balance zwischen zu viel und zu wenig zu halten. Sie ist der einzige Weg, um zu erreichen, dass die Teilnehmer nicht nur mehr wissen, sondern auch mehr anwenden können.

Alles was Teilnehmer letztlich können sollen, muss auch in praxisnahen Fällen zur Anwendung gebracht werden. Gelernt heißt schließlich nicht, etwas zu wissen, gelernt heißt immer, es zu können.

Bei LOOP-Verkaufstraining haben wir immer die Phase der Wissensvermittlung durch tutorgeführte Webinare, Printmedien oder Videos (Lernnuggets). Das erworbene Wissen kommt in der praktischen Seminarphase, in der es darum geht, konkrete Praxisprobleme zu lösen, zur Anwendung. Es wird sozusagen in Praxisfälle hineingearbeitet. Deshalb erfüllt die mit LOOP verbundene Seminarphase die Schritte 2 (Aneignungsdidaktik) und 3 (Transfer in die Praxis) der Kompetenzentwicklung gleichzeitig. Der Transfer in die Praxis wird dabei durch die Fallgeber, deren Aufgabe es ja sein wird, die erarbeiteten Lösungen direkt bei Kunden anzuwenden und umzusetzen, noch weiter und noch konkreter angewendet.

Natürlich wird nun der eine oder andere Kritiker anmerken, dass ja bei dieser Art des Verkaufstrainings der kommunikative Teil, sprich das Gespräch mit dem Kunden, zu kurz kommt. Das ist jedoch nicht der Fall, weil die erarbeiteten Lösungen, bevor sie vom Fallgeber beim Kunden umgesetzt werden, in Form eines Rollenspieles (Gesprächsführung beim Kunden) trainiert werden kann. Dies geschieht aber nur dann, wenn der Fallgeber selbst es für sinnvoll hält. Diese Rollenspiele lassen sich im Seminar durchführen und die Rollenspieler erhalten dann durch alle Teilnehmer ein Feedback. Diese traditionelle Methode ist sehr zeitraubend und nimmt bei acht Teilnehmern im Seminar über einen halben Tag der Seminarzeit in Anspruch. Bei einer Vollkostenrechnung, bei der die Arbeitsausfallzeiten als Kosten eingerechnet werden, ist diese Form heute kaum noch vertretbar.

Als viel kostengünstiger erweist sich hier das Online-Rollenspiel (face to face). Der Trainer vereinbart mit den Fallgebern Termine, an denen die Rollenspiele über einen Kollaborationsserver durchgeführt werden. Der Trainer spielt den Kunden und der Fallgeber führt das Verkaufsgespräch. Das Rollenspiel erfordert den Einsatz einer Webcam, sodass auch Gestik und Mimik durch den Trainer sichtbar sind. Vorteil bei dem»Face to Face«-Rollenspiel ist es, dass das Gespräch zu jedem Zeitpunkt unterbrochen werden und sofort ein neuer Versuch gestartet werden kann. So ist es möglich, während der Gesprächsübung immer wieder an Verbesserungen zu feilen.

Der Lerneffekt dabei ist besonders hoch. Wenn beispielsweise mit den Fallgebern morgens um 7:30 Uhr ein Termin vereinbart werden kann, geht durch den Termin wenig Verkaufszeit verloren und der Fallgeber hat die Gelegenheit, das im Rollspiel Gelernte am selben Tag auch anderweitig in die Praxis umzusetzen.

Online-Rollenspiele dauern in der Regel eine Stunde, das ist ausreichend Zeit, um zu üben und Verbesserungen zu erarbeiten. Außerdem haben sie einen anderen, didaktisch wertvolleren Charakter als ein klassisches Rollenspiel im Seminar. Online-Rollenspiele haben den großen Vorteil, dass sie immer wieder bedarfsgerecht wiederholt werden können. Das bedeutet, je nach kommunikativer Stärke der einzelnen Verkaufsmitarbeiter lassen sich unterschiedliche Wiederholungsintervalle festlegen und somit kann Training bedarfsgerechter erfolgen.

Nach einer Basisausrichtung des LOOP-Verkaufstrainings können im Sinne einer individuellen Lernbegleitung weitere Rollenspiele für einzelne Verkaufsmitarbeiter durchgeführt werden, bei denen ein geringer Erreichungsgrad des Trainingszieles festgestellt wurde und die Gesprächsführung beim Kunden als verbesserungswürdig angesehen wird. Wenn beispielsweise 20 % der Verkaufsmitarbeiter an weiteren Rollenspielen teilnehmen, können nach einer gewissen Zeit die Mitarbeiter, bei denen Lernerfolge erreicht wurden, aus dem Programm genommen werden und das Programm kann mit den restlichen Mitarbeitern fortgesetzt werden. Denn auch bei individueller Lernbegleitung lernen nicht alle gleich und gleichschnell. Darin liegt aber gerade der Vorteil eines LOOP-Verkaufstrainings. Nicht jeder braucht das gleiche Programm, nicht jeder das gleiche Training und nicht jeder die gleiche Trainingsintensität. Während nun einige Mitarbeiter weiter mittels Online-Rollenspielen mit der Verkaufsgesprächsführung beschäftigt sind, arbeiten andere beispielsweise bereits durch Webinare und Workshops an der Verbesserung ihrer Arbeitsorganisation und wieder andere an konzeptioneller Kundenarbeit in Form von arbeitsintegriertem Lernen.

LOOP-Verkaufstraining kann in allen Formaten durchgeführt. Neben generellen Bildungsbedarfen können sehr gut und kostengünstig auch individuelle Bildungsbedarfe gedeckt werden. LOOP-Verkaufstraining wirbt deshalb auch mit dem Slogan: »Weil niemand das gleiche Training braucht«.

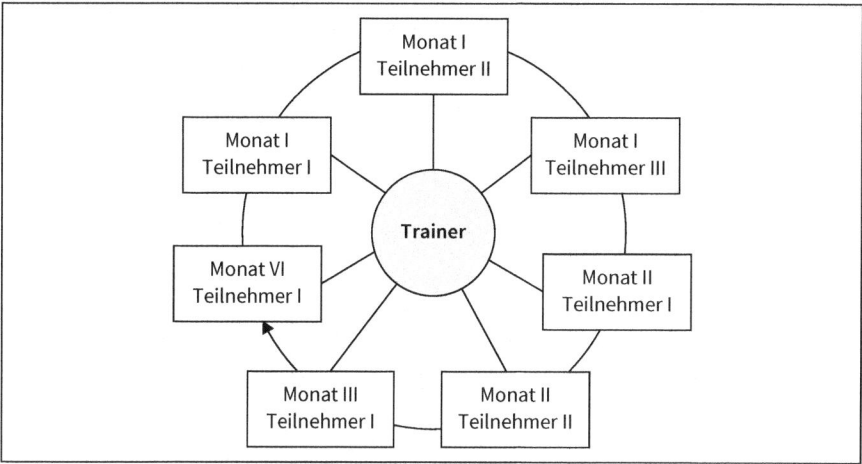

Abb. 26: LOOP-Rollenspiel, individuelle Handhabung

Abb. 27: Möglichkeiten und individuelle Vielfalt von LOOP

In der LOOP-Konzeption befinden sich zehn Elemente, die beliebig ausgewählt und eingesetzt werden können. Die einzelnen Elemente sind als flexible Stränge zu betrachten, die in beliebiger Intensität angewendet werden und auch jederzeit ergänzt werden können.

Neben einem Standardgerüst, das zunächst nur aus handlungsorientierten Präsenzseminaren und interaktiven Webinaren besteht, können alle anderen Elemente in das Lernprogramm integriert werden. Dabei ist es möglich, für einzelne

Verkaufsmitarbeiter unterschiedliche Programme zu schmieden. Während es bei-spielsweise bei einem jungen Verkaufsmitarbeiter als wichtig angesehen werden kann, dass er im Feld durch einen Trainer begleitet wird, ist es bei einem anderen Verkäufer wichtiger, Face-to-Face-Rollenspiele mit dem Trainer durchzuführen. Für jeden Mitarbeiter kann ein individuelles Programm in unterschiedlicher Intensität erstellt und abgerufen werden.

21.2   Hohe Flexibilität führt zu Kostenoptimierung

Wenn wir über Verkaufstraining sprechen, dann sprechen wir automatisch auch über Kosten, und wenn wir über Kosten sprechen, dann sprechen wir über Voll-kostenrechnung. Vollkostenrechnung in der Weiterbildung bedeutet, Arbeits- und Produktionsausfallkosten, welche durch die Weiterbildung der Mitarbeiter entste-hen, werden in vollem Umfang der Weiterbildungsmaßnahme angelastet. Eine Kostenrechnung auf Basis einer Teilkostenrechnung, die Ausfallkosten nicht be-rücksichtigt, ist in der heutigen Zeit deshalb mehr als naiv. Natürlich kann Wei-terbildung gesamt oder teilweise in den Freizeitbereich der Teilnehmer verscho-ben werden, in diesem Falle entstehen keine Arbeitsausfallkosten, jedoch ist das durch Betriebsvereinbarungen, Betriebsrat etc. nicht immer möglich und auch seitens der Teilnehmer nur bedingt gewünscht.

Die Arbeits- und Produktionsausfallkosten sind im Vertrieb besonders hoch, weil ja Arbeitsausfallzeiten direkt oder indirekt mit Umsatzausfall verbunden sind. Die in der Praxis geläufigen Ansätze für Ausfallkosten im Vertrieb bewegen sich deshalb zwischen 500 und 800 Euro pro Tag. Bei einem zweitägigen Training mit zwölf Teilnehmern bedeutet das für das Unternehmen zwischen 12.000 und 20.000 Euro Ausfallkosten. Diese Kosten nehmen somit den absolut größten Teil der Trainingskosten ein. Andere Kosten wie Trainerkosten, Reisekosten, Über-nachtungskosten etc. belaufen sich insgesamt auf max. 6.000 bis 10.000 Euro. So sind dann aus heutigem Verständnis für ein klassisches, zweitägiges Verkaufstrai-ning mit zehn Teilnehmern Kosten in Höhe von 20.000 bis 30.000 Euro anzuset-zen. Bei einem Deckungsbeitrag I (DB I) von beispielsweise 35 % ist unter rein ökonomischer Betrachtung ein Mehrumsatz von 70.000 bis 80.000 Euro erforder-lich, damit die Maßnahme kostendeckend ist.

Alternativ wäre eine Maßnahme nach LOOP-Verkaufstraining kostenmäßig gegenüberzustellen, die auf der einen Seite mehr leistet und mehr Outcome pro-duziert als ein klassisches zweitägiges Verkaufstraining und andererseits weniger Kosten verursacht. Wir gehen in diesem Falle davon aus, dass zehn Teilnehmer innerhalb eines Monats zweimal pro Woche z. B. morgens von 8 bis 9 Uhr an einem Webinar teilnehmen. Das bedeutet Gesamtkosten in Höhe von 900 Euro pro Teilnehmer.

Weiter besteht die Maßnahme aus einem Seminartag mit Vorübernachtung, sodass insgesamt für das LOOP-Verkaufstraining in der beschriebenen Form für eine Gruppe von zwölf Teilnehmern max. 12.500 Euro anzusetzen sind, sodass bei einer Marge von 35 % ein Mehrumsatz von 36.000 Euro für die Kostendeckung nötig sind.

Kostengegenüberstellung Verkaufstraining klassisch und LOOP

		Training klassisch	Training LOOP
Drei Webinare			€ 450.--
Ein Workhop online			€ 450.--
1 Seminartag	Nebenkosten		€ 1.500.--
	Trainerhonorar		€ 2.000.--
	Ausfallkosten		€ 8.000,--
	Nebenkosten Trainer		€ 150.--
2 Seminartage	Nebenkosten	€ 3.000.--	
	Trainerhonorar	€ 4.000.--	
	Ausfallkosten	€ 16.000.--	
	Nebenkosten Trainer	€ 300.--	
Gesamt		€ 23.300.--	€ 12.550.--
Durchschnittlicher DB I 35 %		€ 66.571.--	€ 35.857.--

Während bei einem klassischen Verkaufstraining von den zwölf Teilnehmern bei einem DB I in Höhe von 35 % ein zusätzlicher Umsatz in Höhe von 66.571 Euro erwirtschaftet werden muss, um die Kosten für das Training zu decken, genügt bei dem Beispiel LOOP-Verkaufstraining ein zusätzlicher Umsatz in Höhe von 35.857 Euro.

Tab. 3: Kostengegenüberstellung klassisches Verkaufstraining und LOOP-Verkaufstraining

Interessant wird LOOP dadurch, dass die Fortsetzung immer weniger klassische Seminare erfordert und immer mehr online abgehandelt werden kann. Wie die grafische Darstellung (s. Abb. 27) von LOOP zeigt, lassen sich weitere Rollenspiele anhängen, die dann pro Teilnehmer nur Kosten von 250 Euro inkl. Ausfallzeit verursachen. Es lassen sich E-Learning-Teile in den Freizeitbereich der Teilnehmer verlegen, dann sind weitere Einsparungen durch LOOP möglich. Der Vorteil von LOOP ist, dass ein Grundgerüst entsteht, das mit allen möglichen Trainingselementen aus allen Formaten wie E-Learning, Seminarlernen, arbeitsintegriertem Lernen und selbst organisiertem Lernen bestückt werden kann. So kann beispielsweise anstatt von Rollenspielen auch Telecoaching integriert werden oder auch Feldbegleitung durch einen Trainer. Immer aber stehen die Problemstellungen der Fallgeber im Vordergrund des LOOP-Trainings. Immer erfolgt auch die Durchführung der konkreten Lösungsumsetzung direkt beim Kunden. Insofern erfüllt LOOP-Verkaufstraining die Forderungen nach kompetenzbildendem Training für Verkäufer. Die einfache Vorgehensweise, die hohe Flexibilität und die zielgenaue Durchführung (jeder bekommt nur das, was er braucht) geben dem LOOP-Verkaufstraining eine Alleinstellung im Verkaufstrainingsmarkt und machen das Programm zu einem kostensparenden und hocheffizienten Verkaufstraining mit klarer kompetenzbildender Ausrichtung.

21.3   LOOP-Verkaufstraining – einfache und klare Evaluation

Wie sehr es sich Geschäftsleitungen auch wünschen, den tatsächlichen ökonomischen Nutzen eines Verkaufstrainings kann man nicht genau quantifizieren. Für die Evaluation eines Trainings wird allerdings in der Regel auch zu wenig getan: Nach dem Training wird von den Teilnehmern ein sogenannter Evaluierungsbogen ausgefüllt und es findet ein Gespräch zwischen dem Trainingsverantwortlichen und dem Trainer statt. Dieses Vorgehen hat mit guter Evaluation oder mit Bildungscontrolling nur wenig zu tun. Bildungscontrolling sollte den tatsächlichen Outcome eines Trainings messen können und darüber hinaus auch davon ausgehen, dass Nebeneffekte entstehen. Durch die bisherige klassische Art des wissensvermittelnden Verkaufstrainings entsteht allerdings kaum ein dauerhafter und messbarer Outcome.

Das vermittelte Wissen ist nach wenigen Tagen vergessen oder liegt in Form trägen Wissens vor, dass keine Anwendung in der Praxis findet. Beweis dafür, dass es so ist, gibt die schon an früherer Stelle dieses Buches erwähnte Tatsache, dass ein Großteil von Verkaufsmitarbeitern schon an mehreren solcher Trainings teilgenommen hat und trotzdem viele Verkaufsmitarbeiter essenzielle Dinge wie Verkaufstechniken, Arbeitstechniken etc. nicht wirklich zufriedenstellend umsetzen. Ob dem so ist, lässt sich mittels Begleitbesuch sehr schnell feststellen. Die vielen Millionen, die für Verkaufstrainings der klassischen und vermittelnden Art in den letzten 60 Jahren ausgegeben wurden, haben den gewünschten Outcome nicht erbracht und haben keinen Return on Investment (ROI) erzielt. Die Verantwortung dafür liegt bei den Trainingsverantwortlichen, die solche Trainings beauftragen, weil es heute auch durchaus Verkaufstrainings gibt, die zu einem Outcome führen können, der den Kosteneinsatz übersteigt. Die Verantwortlichen wissen durchaus um diesen Zusammenhang, weshalb Evaluation nach Möglichkeit vermieden und gar nicht durchgeführt wird, um eventuelle negative Ergebnisse nicht offiziell zu machen, sondern unter den Teppich zu kehren. Zugegeben, Evaluation ist, wenn Sie wirklich zu zuverlässigen Ergebnissen führen soll, aufwendig und selbst dann nicht zu 100 % eindeutig. Dennoch ist ein gewissenhaftes Bildungscontrolling wichtig, um einigermaßen Klarheit drüber zu haben, ob die durchgeführten Verkaufstrainings ihr Geld wert sind oder nicht.

Bei der Durchführung von LOOP-Verkaufstrainings lässt sich der Outcome deutlich besser evaluieren als bei klassischen Trainingsmethoden. Die Fallgeber erhalten einen klaren Auftrag zur Umsetzung und es ist insofern auch ganz klar messbar, ob und in welchem Umfang dieser Auftrag erfüllt und umgesetzt wurde. Ob nun der Auftrag Kundengewinnung oder Kundenausbau heißt, der Neuumsatz oder Mehrumsatz lässt sich eindeutig ermitteln, der DB daraus lässt sich errechnen und die neuen Umsätze können perspektivisch hochgerechnet werden. So entsteht ein ziemlich klares Bild vom Outcome, den das Training erbracht hat.

Nach unseren Erfahrungen gelingt es Fallgebern in 40 % aller Fälle, Erstumsätze oder Zusatzumsätze mit den im Training besprochenen Kunden und Interessenten zu generieren. Das ist eine hohe Zahl, die schon sehr gut belegt, dass der ROI der Trainings weit überschritten wird.

BEISPIEL

Ein konkretes Beispiel aus der Praxis
In einem Praxisbeispiel betrug der Kosteneinsatz für ein LOOP-Verkaufstraining insgesamt 59.000 Euro. Insgesamt wurden aus dem Training innerhalb des Traininsjahres bei 17 Kunden Neu- und Mehrumsätze mit einem Gesamtvolumen von 174.000 Euro generiert. Das bedeutet, innerhalb des Trainingsjahres erfolgte bereits eine Amortisation der Trainingskosten. Im zweiten Jahr verblieben von den 17 Kunden 11 Kunden, mit denen ein Gesamt- bzw. Mehrumsatz von über 300.000 Euro erzielt wurde. Dieses Ergebnis kann sich sehen lassen. Gleichzeitig wurde ein weiteres LOOP-Verkaufstraining für das zweite

Jahr vereinbart, was wieder zu Neuumsätzen und Mehrumsätzen in ähnlicher Größe führte. Eindeutig festzustellen war, dass durch die Entwicklung der Problemlösekompetenzen, die in Verbindung mit dem LOOP-Verkaufstraining entstanden, das Trainingsvolumen zurückgefahren bzw. durch andere Elemente ersetzt werden konnte, weil die Mitarbeiter besser in der Lage waren, ohne das Trainingsprogramm mehr Neu- und Mehrumsätze bei Kunden zu generieren.

Gerade bei der Neukundengewinnung zeigt sich eine deutliche Verbesserung. Wir gehen davon aus, dass durch die Erfahrung »Es geht ja« ein Motivationsanstieg entsteht, der natürlich irgendwann aufgefrischt werden muss. Hier bietet dann ein Programm wie LOOP nicht einfach nur ein weiteres klassisches Präsenzseminar an, sondern schöpft aus einer Vielzahl von Lösungsmöglichkeiten. Beispielsweise können Erfahrungsaustauschgruppen installiert werden, die selbst organisiert nach Lösungen für Problemstellungen suchen und diese entsprechend umsetzen.

Fasst man die Vorteile eines Trainingsprogrammes wie LOOP zusammen, dann sind hier nicht nur notwendige Kosteneinsparungen zu verzeichnen, sondern auch eine bessere Evaluation, die Flexibilität im Einsatz von Trainingselementen und Vorteile bei der Wahl der Mitarbeiter, die für bestimmte Elemente infrage kommen. Jeder bekommt so viel, wie er braucht.

Beim LOOP-Verkaufstraining handelt es sich um ein modular angelegtes System, das als Träger für alle möglichen Lernformate und didaktischen Konzepte geeignet ist, weil die Module sich nicht an Seminarinhalten ausrichten, sondern an Methoden und didaktischen Prinzipien. LOOP folgt damit der neuen Philosophie des Lehrens, die nicht nur die Vermittlung von Inhalten zum Ziel hat, sondern darüber hinaus Kompetenzen entwickeln möchte. Die im Einzelnen durchdachten Schritte und das Zusammenfügen zu einem in der Praxis leicht anwendbaren Instrumentarium machen LOOP zu einem Verkaufstraining von hoher Effektivität und Effizienz.

Teil 3

22 Kompetenzentwicklung und die lernende Organisation

In den Teilen 1 und 2 dieses Buches wurde über Maßnahmen gesprochen, die Kompetenzentwicklung von Verkaufsmitarbeitern fördern oder behindern. Es wäre aber sicher zu einseitig gedacht, den Fokus nur auf die Verkaufsmitarbeiter zu richten. Es sollte vielmehr darüber nachgedacht werden, wie sich die gesamte Vertriebskultur und damit auch die Kompetenzen in der Vertriebskultur entwickeln lassen. Diese Betrachtungsweise, bei der die Kompetenzentwicklung der Führungskräfte im Vertrieb mit einbezogen wird, ist notwendig, um die Wettbewerbsfähigkeit eines Unternehmens zu erhalten und auszubauen.

In der Wirtschaft sprechen wir heute von einer hyperkompetitiven Unternehmensumwelt. Die Innovationskraft der Unternehmen gilt längst als eine der wichtigsten erfolgssichernden Maßnahmen. Innovation muss stetig erfolgen, da einzelne Innovationen nur einen Wettbewerbsvorsprung auf Zeit bedeuten. Innovation ist dabei nicht nur in Form von Produktinnovation zu sehen, sondern auch als Prozessinnovation. Kompetenzerwerb, Kompetenzentwicklung und lernende Organisationen sind eine wichtige Basis, um die Innovationen sowohl im Bereich der Produktinnovationen als auch im Bereich der Prozessinnovationen voranzutreiben. Die Arbeit der Führungskräfte spielt bei der Entwicklung lernender Organisationen und bei der Umsetzung von Veränderungsprozessen eine entscheidende Rolle. Die große Bedeutung der Führungsarbeit in Innovationsprozessen ist hinlänglich bekannt und deshalb besteht auch eine hohe Investitionsbereitschaft hinsichtlich der Weiterentwicklung von Führungskräften. Führungskräftetrainings stehen bei den Ausgaben die betriebliche Weiterbildung derzeit an erster Stelle. Angebote zu Führungskräftetrainings beinhalten derzeit vor allem Inhalte und Methoden der transaktionalen Führung und bestehen aus einem Mix aus motivationalen, persönlichkeitsbezogenen, verhaltens- und kontingenzbezogenen Ansätzen. Ein Internetrecherche hat Angebote von Führungstrainings nach beschriebenen Inhalten untersucht. Dabei ergibt sich folgende Rangfolge (nach der Anzahl der Nennungen):
1. Führungsstile,
2. Führungsaufgaben und -instrumente,

3. Kommunikation und Gesprächsführung,
4. Ziele vereinbaren,
5. Motivation,
6. Teamarbeit und Konfliktlösung.

Nur selten werden Inhalte genannt, die der Innovationsförderung durch die Führungskraft, der Mitarbeiterentwicklung oder der Förderung von Changeprozessen zugeordnet werden können.

Mit anderen Worten, in den meisten derzeit angebotenen Führungskräftetrainings werden fast ausschließlich der transaktionalen Führung zugehörende Inhalte gelehrt, während Inhalte, die der transformationalen Führung (s. Kap. 12) zugeordnet werden können, eher selten sind. Transformationale Führung nach Bernhard Bass hat sich in vielen Untersuchungen als wirkungsvoller als transaktionale Führung erwiesen. Gerade im Bestreben nach Kompetenzentwicklung im Vertrieb ist die Anwendung transformationaler Führung ein wichtiges Glied, ohne das Kompetenzziele kaum zu erreichen sind.

Sollen sich Führungskräfte beispielsweise stärker als bisher um die Entwicklung ihrer Mitarbeiter bemühen, sollen Vertriebsführungskräfte die Entwicklung ihrer Mitarbeiter dahingehend fördern, Changeprozesse sicherer und wirkungsvoller zu gestalten, Marktveränderungen besser zu erkennen und entsprechend darauf zu reagieren, innovativ zu sein und Kompetenzen zu entwickeln, dann wird transformationale Führung unvermeidbar.

Transformational ausgerichtete Führungstrainings erweisen sich mittel- und langfristig sinnvoller als Führungstrainings, die nur auf transaktionales Führungsverhalten ausgerichtet sind. Führungstrainings, die von ihren Lernzielen auf die Entwicklung transformationaler Führungskompetenzen ausgerichtet sind, werden sich deshalb im Hinblick auf die o. g. hyperkompetitive Unternehmensumwelt als wirkungsvoller erweisen und den klassischen, rein transaktional ausgerichtete Führungstrainings überlegen sein.

Nach dem Konzept von Bass besteht transformationale Führung aus den vier Komponenten:
• idealisierte Einflussnahme
• inspirierende Motivierung
• intellektuelle Stimulierung
• individualisierte Berücksichtigung

Idealisierte Einflussnahme bezieht sich auf vorbildliches und glaubhaftes Verhalten der Führungskraft sozusagen auf das Charisma der Führungskraft, das ihr Ansehen und den Respekt der Mitarbeiter verschafft. Die Führungskraft setzt sich für die Werte des Unternehmens ein und stellt Eigeninteressen zurück.

Inspirierende Motivierung beschreibt, wie es einer Führungskraft gelingt, durch die Kommunikation eines attraktiven Zukunftsbildes des Unternehmens (Vision) Mitarbeiter zu begeistern. Sie geben den Anstrengungen der Mitarbeiter in der täglichen Arbeit einen Sinn und motivieren zum Erreichen der Vision.

Intellektuelle Stimulierung ermuntert Mitarbeiter, Altbewährtes zu hinterfragen und neue Wege zur Bewältigung ihrer Aufgaben einzuschlagen. Mitarbeiter werden darin bestärkt, zur Verbesserung gegebener Zustände beizutragen.

Individuelle Berücksichtigung (individuelle Förderung) beschreibt, inwieweit eine Führungskraft einzelne Mitarbeiter als Individuen betrachtet. Die Führungskraft agiert als Mentor, erkennt die individuellen Bedürfnisse der Mitarbeiter und fördert diese durch gezielte Entwicklungsmaßnahmen und durch Delegation von Aufgaben und Verantwortung.

Während die transaktionale Führung als reine Austauschbeziehung zwischen Mitarbeiter und Führungskraft angesehen wird, zielt die transformationale Führung schwerpunktmäßig auf die Veränderung und die Entwicklung der Mitarbeiter. In dem Modell des »Full Range of Leadership« wird davon ausgegangen, dass Führungskräfte sowohl transaktionale als auch transformationale Führungselemente verwenden. Jedoch konnte festgestellt werden, dass sich erfolgreiche Führungskräfte mehr der aktiven transformationalen Führung bedienen und sie passive transaktionales Führen weitgehend vermeiden. Wenn das wesentliche Merkmal der transformationalen Führung in der Veränderung der Mitarbeiter gesehen wird, dann lässt sich anhand der von der BEST Bildungs-GmbH durchgeführten Internetrecherche feststellen, dass hierzu Inhalte in den meisten angebotenen Führungstrainings fehlen oder nur in sehr geringem Umfang Bestandteil aktueller Trainingsangebote für Führungskräfte sind.

Dieses Buch möchte deshalb darstellen, wie transformational geprägte Führungstrainings aktiv und handlungsorientiert gestaltet werden können.

Wenn wir uns die vier Punkte, die transformationale Führung ausmachen, anschauen, dann ist es zunächst nicht einfach, ein Trainingsprogramm zu entwickeln, das diese Elemente handlungsorientiert und praxisnah entwickelt. Einer der möglichen Ansätze findet sich in der von Otto Scharmer (2015) entwickelten »Theorie U«, mit der sich dieses Buch kurz beschäftigen möchte.

Die didaktischen Anforderungen an ein Training zur transformationalen Mitarbeiterführung auf Basis der Theorie U nach Scharmer sind: aktive, kompetenzbildende Trainingsgestaltung mit hohem Selbststeuerungsgrad und der Einbindung metakognitiven Lernens.

Die Gründe, warum transformationale Mitarbeiterführung an Bedeutung gewinnen muss, gleichen den Gründen, weshalb Verkaufstrainings kompetenzbildend sein sollten. Folgende Gründe sollen an dieser Stelle noch einmal genannt werden:

1. **Die Stetigkeit des Wandels:** In der heutigen Zeit des stetigen Wandels ist es eine besondere Herausforderung für Führungskräfte, sich selbst und ihre Mitarbeiter dauerhaft auf Wandel einzustellen. Die Fähigkeit, die Bereitschaft und die Geschwindigkeit, mit der Wandel vollzogen wird, sind längst zu einem wichtigen Wettbewerbsfaktor eines Unternehmens geworden. Die Führungskraft selbst muss sich demzufolge als Vorbild des Wandels präsentieren. Steht die Führungskraft Changeprozessen selbst skeptisch gegenüber, wird sie von den Mitarbeitern kaum eine positive Haltung gegenüber Wandlungsprozessen erwarten können. Führungskräfte sind für die Changekultur im Unternehmen verantwortlich und ihre Aufgabe ist es, diese kontinuierlich zu entwickeln und dabei als gutes Vorbild voranzugehen.

2. **Die Entwicklung der Mitarbeiter:** Bedingt durch den stetigen Wandel besteht die Notwendigkeit zu schnelleren und größeren Innovationsschritten, um Wettbewerbsfähigkeit zu sichern. Permanent wechselndes Käuferverhalten, international schwankende Marktstabilität und rasant steigender Wissenszuwachs erfordern einen stetig zunehmenden Beitrag zur Entwicklung der Mitarbeiter. Lernende Organisationen und lebenslanges Lernen sind dabei wichtige Voraussetzungen, auf die Unternehmen hinarbeiten müssen. Das funktioniert nur mit Führungskräften, die für diese Aufgaben und für diesen Entwicklungsprozess über entsprechende Kompetenzen verfügen und sich dieser wichtigen Aufgabe permanent annehmen.

Die Gemeinsamkeiten der transformationalen Mitarbeiterführung und der Kompetenzentwicklung der Mitarbeiter im Hinblick auf die Zukunftsausrichtung und die damit verbundene Wandlungsfähigkeit eines Unternehmens ist deutlich erkennbar. Deshalb sollten parallel zu kompetenzentwickelnder Weiterbildung der Vertriebsmitarbeiter auch Programme zur transformationalen Mitarbeiterführung für die Führungskräfte durchgeführt werden. Dadurch ergeben sich Synergismen. Die gegenseitig verstärkende Wirkung der Maßnahmen ist wichtig für die Nachhaltigkeit und den Umsetzungsgrad der Trainings.

23 Warum Führungskräftetrainings der Veränderung bedürfen

Wir hatten an vorhergehender Stelle schon mangelndes Management-Commitment als wichtige Ursache für unzureichende Weiterbildungsergebnisse in Unternehmen beschrieben. Wie aus eigenen Marktuntersuchungen hervorgeht, scheint fehlendes Commitment auch die Hauptursache für das Scheitern von Changeprozessen zu sein. In einer diesbezüglichen Untersuchung stellte z. B. die Xallax AG fest, dass die befragten Unternehmen keine Führungskräftetrainings anbieten, die auf Changemanagement ausgerichtet sind und Führungskräfte auf die Herausforderung von Veränderungsprozessen vorbereiten.

Das am Ende dieses Buches beschriebene Führungskräftetraining stellt den Versuch dar, die Begleitung von Changeprozessen und die Entwicklung der Mitarbeiter stärker in das Trainingsprogramm einzubeziehen. Kompetenzentwickelnde Weiterbildung lässt sich unter den Vorzeichen transformationaler Führung viel besser realisieren als durch klassische transaktionale Führung.

Zur Verbesserung des Managementcommitments in Changeprozessen und in kompetenzbildenden Weiterbildungsprozessen ist ein transformationales Führungsverhalten von großem Vorteil. Die Führungskraft sollte sich mit den individuellen Belangen der Mitarbeiter beschäftigen, Verständnis zeigen und diese Belange ernst nehmen (Individualized Consideration). Aufgabe der Führungskraft in Changeprozessen muss es auch sein, die Mitarbeiter für die künftigen Unternehmensziele zu gewinnen (Inspirational Motivation) und eine gute Changekultur zu schaffen, gemeinsam mit den Mitarbeitern bisherige Vorgehensweisen immer wieder infrage zu stellen und zu innovativem Verhalten anzuregen (Intellectiual Stimulation).

Dabei stellt sich die Frage, wie sich die Hinführung zu transformationalem Führungsverhalten in Weiterbildungsmaßnahmen für Führungskräfte gestalten und sicher umsetzen lässt. Nach Jens Rowold muss man kein anderer Mensch werden, um Mitarbeiter transformational führen zu können, es reicht aus, das Verhalten und Handeln in bestimmten Situationen anzupassen.

Das hört sich relativ einfach an, nachhaltige Verhaltensmodifikationen und Änderungen im Handeln sind jedoch langwierige Prozesse, die in aller Regel nicht durch eine einzige Trainingsmaßnahme bewirkt werden können, sondern nur durch mittel- bis langfristige Maßnahmenbündel, weil es nicht nur darum geht, Wissen aufzubauen, sondern darum, Kompetenzen zu entwickeln. Hierbei spielt die innere Haltung der zu entwickelnden Führungskräfte eine maßgebliche Rolle. Wissen über transformationale Führung allein wird deshalb ebenso wie einzelne Trainingseinheiten (z. B. Zweitagesseminar) kaum zur nachhaltigen Entwicklung der transformationalen Führung in Unternehmen führen. Um Trainingsprogramme zur transformationalen Mitarbeiterführung zum Erfolg zu führen, muss sich die Maßnahme über einen längeren Zeitraum erstrecken oder sogar als stetig andauernder Lernprozess gestaltet werden. Das lässt sich am besten durch Lernen in verschiedenen Formaten mit hohem Selbststeuerungsgrad organisieren. Der anfängliche Lernprozess sollte deshalb auch die Aufgabe haben, zum selbst gesteuerten Lernen hinzuführen. Die transformationale Führung hat das Ziel, Mitarbeiter in die Zukunft zu führen, dazu andere Aufmerksamkeiten zu erzeugen, gewohnte Pfade zu verlassen und sich Neuem zuzuwenden.

Dazu gehört, wie Scharmer (2015) es im dem Buch »Theorie U« beschreibt, Altes, Sterbendes loszulassen und Neues und Werdendes entstehen zu lassen. Um das in der Mitarbeiterführung zu erreichen, sind Trainings der Führungskräfte notwendig, die diese zunächst selbst dazu zu bewegen, ihre Gewohnheitsmuster zu verlassen, auf denen ihr Denken und Handeln weitgehend beruht.

Hierzu ist es wichtig, prägnante Übungen und/oder Planspiele in das Trainingsprogramm aufzunehmen, welche die Abkehr von gewohnheitsmäßigem Denken ermöglichen und neue Denkansätze von der Zukunft her in den Vordergrund des Geschehens stellen. Nach Scharmer ist es sinnvoll, die Fähigkeit zu entwickeln, altes Gewohnheitsdenken zu suspendieren und Neues unvoreingenommen zu betrachten.

Mit den zu trainierenden Führungskräften im Training eine »Reise durch das U« im Sinne Scharmers zu unternehmen, ist eine Möglichkeit, transformationales Führungsverhalten zu entwickeln. Die Trainings als »Reise durch das U« lassen sich auch medial gestützt (Blended-Learning) gestalten. Dafür sollen sogenannte »Tridems« (Drei-Personen-Gruppen) gebildet werden, die sich regelmäßig zur Thematik über verschiedene Medien austauschen und dadurch die Stufen des Prozesses intensiver erleben.

Das dargestellte Trainingsprogramm zur Entwicklung der transformationalen Führung gestaltet sich durch verschiedene »Reisen durch das U«. Die einzelnen Komponenten der transformationalen Führung werden nach der Theorie U behandelt.

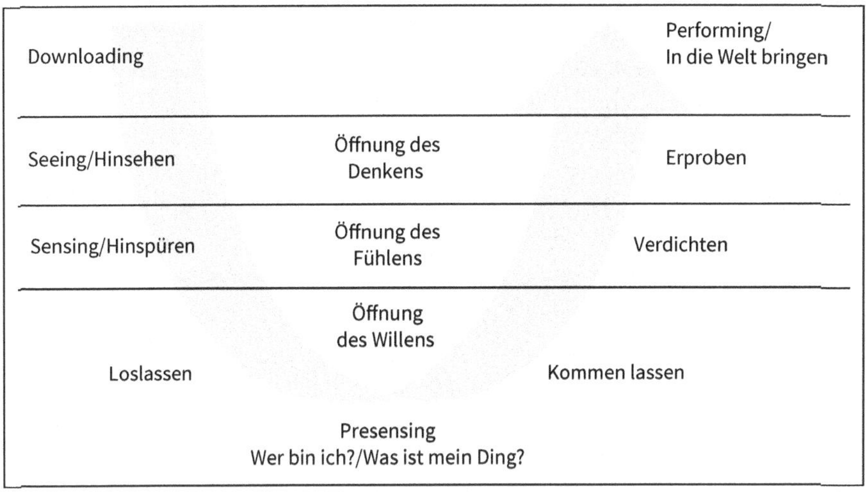

Downloading		Performing/ In die Welt bringen
Seeing/Hinsehen	Öffnung des Denkens	Erproben
Sensing/Hinspüren	Öffnung des Fühlens	Verdichten
Loslassen	Öffnung des Willens	Kommen lassen
	Presensing Wer bin ich?/Was ist mein Ding?	

Quelle: O.Scharmer

Abb. 28: Theorie U

Das Training kann mit einer Lernsequenz im virtuellen Classroom starten. Hier werden das Modell »Full Range of Leadership« und die Möglichkeiten der transformationalen Führung vorgestellt. In einer Diskussion, die nach der »Theorie U« als »Download« dargestellt wird, diskutieren die Teilnehmer über ihr derzeitiges Führungsverhalten. Die Diskussion wird von einem Tutor begleitet und moderiert.

In der Diskussion werden durch gezielte Fragen des Moderators die derzeitigen Probleme bei der Führung der Mitarbeiter herausgearbeitet, ohne zunächst dafür Lösungsansätze zu erarbeiten. Die Diskussionsergebnisse werden aufgezeichnet und allen Teilnehmern auf einer Lernplattform zur Verfügung gestellt. Es erfolgt eine Einteilung der Teilnehmer in sogenannte Tridems. Die Dreiergruppen sollen nach Möglichkeit selbst zusammenfinden. Die Tridems erhalten die Aufgabe, sich zu der transformationalen Führungskomponente »individualisierte Berücksichtigung« auszutauschen und künftige Möglichkeiten der Mitarbeiterentwicklung zu diskutieren. Hierbei soll dargestellt werden, welche Probleme bei derzeitigen Entwicklungsprogrammen auftreten und wie diese durch neue Möglichkeiten ersetzt werden können. Die Teilnehmer sollen sich darauf einigen, wie nach Ansicht aller künftige Entwicklungsprozesse der Mitarbeiter im Unternehmen gestaltet werden können, um die derzeitigen Probleme und Schwächen zu reduzieren. Mit dieser Maßnahme wird der von Scharmer (2015) beschriebene Seeing-Prozess (Hinsehen) gefördert. Die Ergebnisse der einzelnen Tridemteams werden von den Gruppen in einem sich anschließenden Präsenzseminar vorgetragen und diskutiert.

Im weiteren Verlauf des dreitägigen Präsenzseminares fließt das von Baas beschriebene transformationale Führungselement »inspirierende Motivierung« in das Training mit ein.

Die Teilnehmer sind nach der Diskussion zum Thema »individualisierte Berücksichtigung« aufgefordert, ein Zukunftsbild darüber zu erstellen, wie die Kultur ihres Unternehmens weiterentwickelt werden könnte, um diese Aufgabe langfristig und nachhaltig zum Erfolg zu bringen. Hierzu werden neue Dreiergruppen gebildet und mit der Ausarbeitung beauftragt. Von den einzelnen Gruppen werden konkrete Maßnahmen erwartet, die so wie beschrieben in die Praxis umgesetzt werden können.

Durch diese Gruppenarbeit wird der nach Scharmer in der Theorie U beschriebene Prozess des Sensing (Hinfühlens) in Gang gesetzt. Die Gruppenergebnisse werden diskutiert und es wird darauf hingewirkt, die unterschiedlichen Ergebnisse zu einem einheitlichen Konsens zu bringen, der bei allen Teilnehmern Akzeptanz findet.

An diese Aufgabe schließt sich die Frage an, zu welchen Schwierigkeiten es bei der Umsetzung der beschlossenen Maßnahmen in den Unternehmen kommen kann. Auch diese Frage hängt wieder mit dem Thema »Sensing« zusammen. Das Ziel dieser Trainingseinheit ist es, von dem erstellten Zukunftsbild aus Schwierigkeiten zu erkennen, die sich bei der Umsetzung ergeben können. Für diesen Teil des Trainings, das die verbleibende Zeit des dreitägigen Präsenzseminares einnimmt, wird sehr detailliert auf Problemstellungen, die sich bei der Umsetzung ergeben können, eingegangen und es wird versucht, deren Ursachen zu ergründen. Nach der Präsenzphase und den dort erlangten Erkenntnissen wird das Training medial fortgeführt. In einem eröffnenden Webinar werden die Erkenntnisse des Präsenzseminares erneut diskutiert. Hier stellt sich folgende Frage: »Sehen wir es als Führungskräfte als unsere Aufgabe an, gemeinsam mit den Mitarbeitern den Weg zu einer besseren Unternehmens- und Lernkultur im Unternehmen zu gehen?« Anschließend werden die ursprünglichen »Tridems« wieder aktiv und beschäftigen sich mit den folgenden Fragen intensiver: »Ist das unsere Aufgabe?« und »Wenn nicht wir, wer dann?« Ziel dieser Maßnahme ist es, die Teilnehmer nach der »Theorie U« an den Wendepunkt im U und in das Presensing hineinzuführen.

Es soll die Erkenntnis reifen, dass transformationale Führung, die Entwicklung der Mitarbeiter und das Führen der Mitarbeiter in die Zukunft wirkungsvolle und essenzielle Aufgaben der Führungskräfte sind. Flankierend zu der Zusammenarbeit der Teilnehmer in »Tridems« werden Online-Seminare in lernvermittelnder und in lernverarbeitender Form angeboten, die sich mit transaktionaler vs. transformationaler Führung beschäftigen und auseinandersetzen.

24 Praxisphasen

Im Verlauf der Weiterbildungsmaßnahme sollen die teilnehmenden Führungskräfte Meetings mit ihren Mitarbeitern durchführen.

24.1 Praxisphase 1

In der ersten Praxisphase sollen die Führungskräfte gezielt versuchen, von dem, was Scharmer als »Downloading« bezeichnet, abzuweichen und somit dem »Seeing« Raum zu geben. Hierbei sollen die Führungskräfte auch erste Erfahrungen sammeln, dies jedoch nicht nur im Bereich des »Seeing«-Prozesses, sondern auch im Bereich der transformationalen Führung allgemein. Das Meeting wird von einem Trainer begleitet, der im Anschluss Feedback und Vorschläge zur Verbesserung einbringt. So könnten beispielsweise folgende Fragen im Meeting gestellt werden:

- »Wie stellen Sie sich unserer Unternehmen in fünf Jahren vor?«
- »Was muss sich bis dahin verändern?«
- »Mit welchen Neuerungen ist das unmittelbar verbunden?«
- »Welche Gefahren und Ängste Ihrerseits sehen Sie bei der Umsetzung?«
- »Welche Gefahren und Ängste sehen Sie, wenn keine Veränderungen stattfinden?«

Die Diskussion dieser Fragen erfolgt in Form von Gruppenarbeiten. Die Aufgabe der Teilnehmer ist es dabei keinesfalls, Gruppenergebnisse zu diskutieren und/oder zu dementieren. Ziel ist es, alle Ergebnisse ernst zu nehmen, zu reflektieren und sich in einer Phase des »Insichgehens« mit den Ergebnissen zu beschäftigen. Die Teilnehmer diskutieren im Anschluss an das Meeting in einem Online-Seminar über die Erfahrungen, die sie mit dieser Art des Meetings sammeln konnten.

Die Mitarbeiter erhalten nach dem Meeting einen Fragebogen, in dem sie ihre Meinung, Einstellung und Erfahrung mit dem durchgeführten Meeting wiedergeben. Die Ergebnisse der Befragung dienen der Führungskraft als Feedback und sollen die Teilnehmer bestärken, in dieser Weise bei Meetings fortzufahren. Im schlimmsten Falle könnte es passieren, dass die Mitarbeiter die Art des Meetings negativ bewerten und dies in dem Fragebogen zum Ausdruck kommt. Da dies aber nicht die Regel sein wird, sondern sich die Mitarbeiter eher positiv äußern, bestärkt das die Führungskraft im Hinblick auf transformationale Führung. Der Lernbegleiter nimmt an den Meetings als eine Art Beobachter teil und greift nur in das Geschehen ein, wenn es von der zu begleitenden Führungskraft gewünscht wird.

Ansonsten gibt der Lerngebleiter ein ausführliches Feedback, das auch Empfehlungen enthalten sollte, wenn es Dinge gibt, die verbessert werden können.

Fachpädagogische Qualifizierung der Führungskräfte
Ein bedeutender und wichtiger Bestandteil der transformationalen Führung ist die Entwicklung der Mitarbeiter. Hier sind nicht Karriereschritte gemeint, sondern die der notwendigen Kompetenzen, um den Veränderungen im Unternehmen, Veränderungen in den Märkten und Veränderungen im Umfeld schnell gerecht zu werden. Entwicklung der Mitarbeiter heißt, die Kompetenzen zu entwickeln, um künftige Herausforderungen selbst gesteuert meistern zu können und dafür gute Weiterbildungen, die diese Zielsetzung stützen, anzubieten. Hier liegt eine besondere Problematik, die es zunächst nötig macht, die Führungskräfte davon zu überzeugen, dass vermittelnder Unterricht keine gute Form der Weiterbildung ist, wenn es um die Entwicklung von Kompetenzen geht. Das bedeutet, im Rahmen eines Trainingsprogrammes sollte deshalb vor dem eigentlichen Führungskräftetraining auch eine fachpädagogische Qualifizierung der Führungskräfte stattfinden. In welchem Umfang ein solches Programm durchgeführt werden soll, muss im Einzelnen überlegt werden. Es ist zum Beispiel denkbar, dass Interessenten unter den betroffenen Führungskräften an einer Aufstiegsfortbildung zum Aus- und Weiterbildungspädagogen teilnehmen.

Auch eine einfache Anpassungsfortbildung in Form einer Online-Weiterbildung, bestehend aus Webinaren und Workshops (Lösungen von Situationsaufgaben in Gruppen), ist denkbar. Zwischen der Minimal- und der Maximalvariante sind Erweiterungen jederzeit möglich. Hier werden auch Möglichkeiten der Kompetenzentwicklung und der Mix aus verschiedenen Lernformaten erörtert. Auch der Nutzen von konnektivistischem Lernen wird thematisiert und nach Möglichkeiten gesucht, wie die einzelnen Teilnehmer dies in ihrer Praxis anwenden können.

In Tridems sollen die Teilnehmer im Anschluss Konzepte zur praktischen Umsetzung entwickeln. In der Führung durch das U nach Scharmer befinden wir uns hier in dem Prozess des »Kommenlassens«, sich Neuem zuzuwenden und Altes langsam loszulassen.

Dieser Prozess kann am Beispiel neuer Qualifizierungsformen dargestellt und umgesetzt werden. In den beiden Webinaren zur fachpädagogischen Qualifizierung wird zunächst überzeugend dargestellt, warum Qualifizierungen von Mitarbeitern in Form von vermittelndem Unterricht nicht zu den gewünschten Lernergebnissen führen können. Weiterhin wird dargestellt, welche Lernschritte notwendig sind, um Kompetenzen zu entwickeln. Die Webinare versuchen einerseits, die Notwendigkeit der Kompetenzentwicklung darzustellen, und überzeugen andererseits dahingehend, dass Kompetenzen nicht vermittelt werden können. Sie zeigen des Weiteren auf, wie Lernen gesteuert werden kann, dass sich Kompetenzen entwickeln.

Wenn Kompetenzen entwickelt werden sollen, dann kann das am besten geschehen, indem wissensverarbeitende Situationsaufgaben gestellt werden, für die von den Lernenden Lösungen erarbeitet werden. Gruppenarbeit ist dafür besonders gut geeignet. Deshalb schließt sich an die beiden Webinare ein Online-Workshop an, in dem von den Lernenden in Gruppen Situationsaufgaben gelöst werden, die sich auf die tägliche Arbeit von Führungskräften und häufig auftretende Problematiken beziehen.

Die Ergebnisse der einzelnen Gruppen werden auf einem Whiteboard dargestellt und im Plenum präsentiert. Am Ende des Workshops erfolgt eine Befragung der Teilnehmer, indem die Lernenden eine Bewertung des Workshops im Hinblick auf die Kompetenzentwicklung vornehmen. Im zweiten Schritt sollen die Teilnehmer selbst Situationsaufgaben entwickeln, die Problemstellungen aus ihrer täglichen Praxis enthalten. Während der Entwicklungsphase, für die eine Zeit von zwei Wochen angesetzt wird, haben die Teilnehmer Gelegenheit, sich mit anderen Teilnehmern in bereitgestellten Foren oder in Live-Chats auszutauschen und auch Fragen an den Lernbegleiter zu stellen. Nachder Erstellung der Situationsaufgaben durch die Teilnehmer erfolgt der Übergang in das eigentliche Führungstraining.

24.2 Praxisphase 2

Die Überleitung erfolgt durch die Praxisphase 2. Die Teilnehmer werden gebeten, mit ihren Mitarbeitern einen Tagesworkshop abzuhalten, in dem die erarbeiteten Situationsaufgaben von den Mitarbeitern in Gruppen bearbeitet werden. Daneben sollen in der gleichen Art und Weise auch Praxisfälle bearbeitet werden, die von den Teilnehmern vorgeschlagen werden.

Der Workshop soll ein Mix aus fallbezogenem und problembezogenem Lernen (reale Problemstellungen aus der Praxis der Teilnehmer) sein. Diese Methode des Activ-Learnings soll durch die teilnehmenden Führungskräfte und durch die teilnehmenden Mitarbeiter im Anschluss evaluiert werden. Hierzu steht sowohl den Führungskräften als auch den teilnehmenden Mitarbeitern ein Fragebogen zur Verfügung. Die Fragebögen werden beim Trainingsanbieter eingereicht und ausgewertet. Führungskräfte und Teilnehmer erhalten die Ergebnisse der Auswertung.

Verdichtungsprozess

Die der transformationalen Führung zugeschriebenen Elemente, »idealisierte Einflussnahme«, »inspirierende Motivierung«, »intellektuelle Stimulierung« und »individualisierte Berücksichtigung« wurden in den bisherigen Schritten der Bildungsmaßnahme bearbeitet. Dabei wurde versucht, im didaktischen Design die einzelnen Schritte der »Theorie U« anzuwenden. Durch die Bildung der Tridems, die so wenig wie möglich und doch so viel wie nötig an Steuerung durch den Lernbegleiter erfahren, kann der nach Scharmer nötige Prozess des »Seeing« eingeleitet und umgesetzt werden.

Die Praxisphasen, die so gestaltet sind, dass die Prinzipien der transformationalen Führung zur praktischen Anwendung kommen, werden durch den Prozess des »Hinfühlens« unterstützt. Die evaluierenden Maßnahmen nach den Praxisphasen sollen Führungskräften und Mitarbeitern zeigen, dass die Veränderung in der Ausrichtung von Meetings positiv bewertet wird und zur Weiterführung in diesen Formen ermutigen. Mit den bis dahin durchgeführten Maßnahmen wird zwar ein Changeprozess im Bereich der Führung eingeleitet, der allerdings nicht nachhaltig wäre, wenn er an dieser Stelle abgeschlossen würde. Nach der »Theorie U« sollte nun der sogenannte Prozess des Verdichtens erfolgen. Im Zuge dieses Prozesses sollen das Neuentwickelte, das Neuerlernte und das Neuangewendete stärker verinnerlicht und mit Überzeugung gelebt werden. Hierzu findet ein dreitägiger Präsenzworkshop statt. Der Workshop hat einen Planspielcharakter, bei dem die im Folgenden dargestellte Situation vorgegeben ist.

KASTEN 2

Thema des Präsenzworkshops in Praxisphase 2

Ein Unternehmen stellt Türsprechanlagen her und ist in diesem Bereich die Nummer 2 im Markt. Elektroinstallateure werden von den Architekten, Planern und Bauträgern aufgefordert, genauspezifizierte Angebote für Türsprechanlagen in Bauobjekten abzugeben. Die Installateure beziehen die Anlagen vom Elektrogroßhandel und holen dort Angebote ein. Um den Installateuren genaue und spezifische Angebote erstellen zu können, holt der Elektrogroßhandel für jede Installateuranfrage Angebote von verschiedenen Sprechanlagenherstellern ein.

Bei dem im Fallbeispiel beschriebenen Unternehmen gehen so wöchentlich aus dem gesamten deutschsprachigen Raum ca. 1800 Anfragen seitens des

Großhandels ein. Die Großhandelsanfragen werden von 60 Mitarbeitern im Verkaufsinnendienst bearbeitet.

Der Hersteller ist es seit Jahren gewohnt, dass das Verhältnis von Angeboten zu Aufträgen 25 % beträgt, sodass etwa 450 Aufträge pro Woche entstehen. Während der vergangenen 12 Monate wurde jedoch festgestellt, dass die Quote Anfragen zu Aufträgen immer weiter sank, sodass nun nur noch eine Quote von 21 % erreicht wird. Die 60 Verkaufsmitarbeiter werden von sechs Teamleitern und einem Verkaufsleiter Innendienst geführt. Der Verkaufsleiter ist nun seitens der Geschäftsführung aufgefordert, die Ursachen für den Rückgang zu analysieren und hierzu einen Bericht zu erstellen und Vorschläge für Gegenmaßnahmen zu unterbreiten.

Die Vorgehensweise bei der Analyse und bei der Erarbeitung von Maßnahmen, die der Zielsetzung, die 25-Prozent-Quote wieder zu erreichen, dienen, sollen nach der Systematik der »Theorie U« durchgeführt werden. Dabei sollen ebenso alle Elemente der transformationalen Führung zur Anwendung kommen. Die Analyse wird von Vorgaben über Markt- und Wettbewerberverhalten gespeist, sodass eine Veränderung des bisherigen Verkaufsprozesses notwendig wird. Im Rahmen des Planspieles sollen nun die Teilnehmer gemeinsam mit den Mitarbeitern den Changeprozess gestalten und umsetzten. Die Vorgehensweise nach der »Theorie U« bietet hierbei eine gute Hilfestellung. Das Planspiel wird in zwei Gruppen durchgeführt und die Vorgehensweise der einzelnen Gruppen wird durch zwei Lernbegleiter beobachtet und gesteuert.

Im halbtägigen Intervall erfolgt ein Debriefing, in dem die Arbeit der einzelnen Gruppen besprochen wird. Insbesondere wird seitens der Lernbegleiter darauf geachtet, wie die Führung der Mitarbeiter durch das U erfolgt und welche Elemente der transformationalen Führung bei den einzelnen Führungskräften während des Planspielverlaufes zur Anwendung kommen.

Um das Planspiel in die richtigen Bahnen zu lenken, werden in den einzelnen Phasen Fragenbündel empfohlen, die während der Durchführung behandelt werden, z. B.:
- »Was passiert, wenn Angebote an den Großhandel abgegeben wurden?«
- »Wie verhält sich der Großhandel, wenn von unserer Seite nachgefasst wird?«
- »Was hat sich in letzter Zeit verändert?«
- »Was fehlt uns, um mehr Aufträge zu generieren?«
- »Wie können wir unsere Vorgehensweise optimieren?«
- »Was will der Großhandel, was wir nicht haben?«

In dem zwei Tage dauernden Planspiel sollen sehr intensive Gespräche zwischen Mitarbeitern und Führungskräften geführt werden, die vor allen Dingen nicht nur auf der in der »Theorie U« beschriebenen Phase des »Downloading« stattfinden sollen, sondern auch in die tieferen Phasen »Seeing« und »Sensing« eintauchen. Wichtig ist, dabei Neues entstehen zu lassen, deshalb wurde hier auch die Form des Planspieles gewählt. In dem Beispiel wäre das ein neuer Verkaufsprozess, der auf die Veränderungen im Umfeld eingeht und diese berücksichtigt. Nach Abschluss des Panspieles finden Interviews statt, in denen die Teilnehmer ihre Einschätzung des Planspieles selbst und der daraus resultierenden Lerneffekte abgeben. Nach der Durchführung des zweitägigen Workshops soll für die Teilnehmer nun eine Praxisphase des »Ausprobierens« anschließen. Diese Phase wird eingeleitet durch ein Webinar, in dem die dritte Praxisphase besprochen und diskutiert wird.

24.3   Praxisphase 3

Die Teilnehmer werden aufgefordert, einen Prozess aus ihrem Arbeitsfeld auszuwählen und gemeinsam mit den Mitarbeitern in einem Workshop darüber nachzudenken, wie der Prozess verbessert werden kann. Es soll darüber gesprochen werden, ob es in dem Prozess Schritte gibt, die wegfallen können, und ob es Dinge gibt, die neu hinzukommen sollen. Dazu werden die Mitarbeiter in Kleingruppen eingeteilt, in denen die Aufgaben bearbeitet werden. Des Weiteren soll darüber nachgedacht werden, ob Aufgaben anders gelöst werden können. Für diese Arbeit sollen sich Führungskraft und Mitarbeiter einen Tag Zeit nehmen. Aufgabe der Führungskraft soll es dabei sein, den Workshop so zu führen, dass die Mitarbeiter in ihrer Kommunikation durch die linke Seite des U nach der »Theorie U« geführt werden. Die Mitarbeiter sollen letztlich zu einem gemeinsamen Konsens gelangen, wie der besprochene Prozess verändert werden kann, um zu besseren Ergebnissen zu gelangen. Die angestrebten Veränderungen sollen von allen Mitarbeitern getragen werden. In Abstimmung mit anderen notwendigen Stellen im Unternehmen, z. B. dem Qualitätsmanagement, soll die Prozessveränderung dann realisiert werden. Es liegt auf der Hand, dass hier nicht große Kernprozesse verändert werden sollen, sondern eher kleine Teilprozesse oder Prozessschritte.

Die Führungskräfte als Weiterbildungsteilnehmer und die Mitarbeiter geben nach dem Praxisworkshop eine Bewertung ab. Diese wird vom Lernbegleiter ausgewertet und an alle Teilnehmenden kommuniziert.

Des Weiter sollen die Führungskräfte und die Mitarbeiter etwa vier Wochen nach Beginn der Umsetzung eine Bewertung abgeben, die sich auf den Umsetzungserfolg und auf die Umsetzungserfolge bezieht.

Diese Bewertungen werden vom Bildungsträger angefordert und ausgewertet. Die Weiterbildungsmaßnahme schließt mit einem Webinar ab, indem die Maßnahme insgesamt noch einmal bewertet wird und die Ergebnisse der letzten Befragung diskutiert werden.

Die Darstellung des Gesamtablauf in Abb. 29 zeigt, dass die Maßnahme einen Zeitkorridor von etwa einem halben Jahr in Anspruch nimmt, in dem es immer etwas für die Teilnehmer zu tun gibt. Selbst halte ich eine Maßnahme in diesem Umfang für notwendig, wenn sich Umsetzungserfolg einstellen soll.

In Zeiten eines hyperkompetitiven Umfeldes muss es Unternehmen einerseits gelingen, sich aufkommenden Veränderungen schnell anzupassen. Anderseits ist es auch notwendig, selbst innovativ zu sein, das gilt für die Produktinnovation und für die Prozessinnovation. Unternehmen muss es außerdem besser gelingen, Changeprozesse erfolgreich und nachhaltig umzusetzen, wobei die Zukunft bei allen Überlegungen im Unternehmen stärker in das Blickfeld rücken sollte. Dazu ist es in Vertriebsorganisationen notwendig, dass Mitarbeiter und Führungskräfte Arbeitsweisen, Prozesse und Philosophien aus der Vergangenheit loslassen, um sich Neuem stärker zuwenden zu können. Alles in allem handelt es sich dabei um einen Veränderungsprozess, der sich überkommenen Deutungs-, Emotions- und Handlungsmustern widmet. Die Aufgabe der transformationalen Führung ist es, eine langfristige Vision aufzubauen und Führung nicht nur auf kurzfristige Zielerreichung zu fokussieren. Führung bedeutet in Zukunft, Menschen durch Visionen zur Veränderung zu inspirieren. Die Basis der transformationalen Führung stellt eine emotional geladene Zukunftsvision dar, die für die Mitarbeiter attraktiv ist.

Maßnahme/ Zeit	1.W	2.W	3.W	4.W	5.W	6.W	7.W	8.W	9.W	10. W	11. W	12. W
Webinar Full Range of Leadership	✕											
»Triangels« Aufbau Peer-Groups	👥											
Präsenz-seminar		👥										
Webinar			✕									
Arbeit in Triangels		👥	👥	👥								
Online-Seminar transaktional vs. trans-formational					🖥							
Praxisphase I Lenkung durch das U Transforma-tional führen						📡						
Evaluation							●					
Arbeit in Triangels							👥	👥				
2 Webinare									✕ ✕			
1 Online-Workshop										🖥		
Praxis-phase II Entwicklung der Mitarbeiter											📡	
Evaluation												●
Arbeit in Triangels											👥	👥

Maßnahme/ Zeit	13.W	14.W	15.W	16.W	17. W	18.W	19.W	20.W	21.W	22.W	23.W	24.W
Präsenz- seminar Planspiel Change												
Praxis- phase III Change- prozess gestalten und umsetzen												
Evaluation												
Arbeit in Triangels												
Webinar												
Evaluation												

Abb. 29: Gantt-Diagramm zum Ablauf eines Führungskräftetrainings

Literatur

AGV (2018): Altersstruktur. Online verfügbar unter: https://www.agv-vers.de/statistiken/branchenzahlen/beschaeftigtenstruktur/altersstruktur.html (letzter Zugriff: 22.11.2018)

Arnold, R. (2004): Angewandter Konstruktivismus. Aachen

Arnold, R. (2012): Wie man lehrt, ohne zu belehren. Heidleberg

Baas, B./Riggio R. (2006): Transformationale Leadership. New York

BEST Bildungs-GmbH (2017): Markststudie (unveröffentl.). Waldkappel

Bundesinstitut für Berufsbildung (BiBB) (2016): Datenreport Aus- und Weiterbildung 2016. Online verfügbar unter: https://www.bibb.de/datenreport/de/datenreport2016.php (letzter Zugriff: 22.11.2018)

Buschmeyer, J. (2015): Kompetenzlernen und Lernbegleitung – eine Einführung. München Online verfügbar unter: http://www.gab-muenchen.de/de/downloads/2015_buschmeyer_kompetenzlernen_lernprozessbegleitung.pdf (letzter Zugriff: 22.11.2018)

Deci, E. L./Ryan, R. M. (1993): Die Selbstbestimmungstheorie der Motivation und ihre Bedeutung für die Pädagogik. Zeitschrift für Pädagogik, 39 (2), S. 223–238

Ebbinghaus, H. (1908): Abriss der Psychologie. Leipzig

Ebbinghaus, H. (2011): Über das Gedächtnis. Neuausgabe der Auflage von 1885. Darmstadt

Erpenbeck, J./Heyse, V. (2007): Kompetenzbiografie. Münster

Erpenbeck, J./Sauter W. (2010): Kompetenzentwicklung ermöglichen. Studienbrief, TU Kaiserslautern

Erpenbeck, J./Sauter, W. (2013): So werden wir lernen. Heidelberg

Erpenbeck, J./Sauter, W. (2016): Stoppt die Kompetenzkatastrophe. Heidelberg

Freire, P. (2009): Lernskript zur Berufspädagogenfortbildung (unveröffentl.), Gesellschaft für Ausbildungsforschung und Berufsentwicklung eG, München

Groth, A. (2013): Führungsstark im Wandel. 2. Aufl. Frankfurt/M.

Heckhausen, H. (Hrsg.) (2010): Motivation und Handeln. Heidelberg

Heckhausen, H./Gollwitzer, P./Weinert, F. (Hrsg.) (1987): Jenseits des Rubikon. Heidelberg

Pelz, W. (2012): Transformationale Führung. Interview Magazin, Nr. 4/2012, S. 42–44. Online verfügbar unter: https://www.management-innovation.com/download/Transformationale-Fuehrung.pdf (letzter Zugriff: 22.11.2018)

Prenzel, M. (1993): Autonomie und Motivation im Lernen Erwachsener. Zeitschrift für Pädagogik, 39 (2), S. 239–253

Rowold, J. (2011): Ich habe einen Traum. Mundo 15/11, S. 26 ff. Online verfügbar unter: https://www.tu-dortmund.de/uni/de/Uni/Campusleben/Campusmedien/Archiv_mundo/2011/mundo_1511.pdf (letzter Zugriff: 22.11.2018)

Rowold, J. (2015): Human Resources Management 2. Aufl. Heidelberg

Scharmer, O. (2015): Theorie U. 4. Aufl. Heidelberg

Schmidt, E.-M./Wahl, D. (2008): Kommunikative Praxisbewältigung in Gruppen (Koping). Online verfügbar unter: http://www.prof-diethelm-wahl.de/Artikel%20 Schmidt%20&%20Wahl%20Endfassung.pdf (letzter Zugriff: 22.11.2018)

Senge, P. (2003): Die fünfte Disziplin 9. Aufl. Stuttgart

Siebert, H. (2000): Lernberatung und selbstgesteuertes Lernen. REPORT Literatur- und Forschungsreport Weiterbildung, 46/2000, S. 93 ff. Online verfügbar unter: http://www. die-bonn.de/id/1534 (letzter Zugriff: 22.11.2018)

Stelzer, B. (2016): Führungskräftetraining mit hohem Selbststeuerungsgrad unter Einbeziehung der Theorie U von Scharmer. Hausarbeit TU Kaiserslautern

Stiftung Warentest (2006): Verkaufstraining: Erfolgreich in zwei Tagen. Kap. 6: Titel, Thesen, Tunichtgute. Online verfügbar unter: https://www.test.de/Verkaufstraining-Erfolgreich-in-zwei-Tagen-1345917-1345919/ (letzter Zugriff: 22.11.2018)

Stöpel, F. (o.J.): Kompetenzentwicklung – Grundlagen. Online verfügbar unter: https:// dr-stoepel.de/vorgehen/grundlagen/ (letzter Zugriff: 22.11.2018)

Van Houten, C. (1999): Erwachsenenbildung als Willenserweckung, 3. Aufl. Stuttgart

Wegener, R./ Fritze, A./Loebbert, M. (Hrsg.) (2011): Coaching entwickeln – Forschung und Praxis im Dialog. Wiesbaden

Weiterführende Literatur

Baumgarth, C./Binckebanck, L. (2011): Verkaufen in der Krise. Wiesbaden

Belz, C /Bussmann, W (2000): Vertriebsszenarien. Berlin

Brooksbank, R. (1995): The new model of personal selling: Micromarketing. The Journal of Personal Selling and Sales Management, 15/1995, S. 61–66

Cattell, R. B. (1943): The measurement of adult intelligence. Psychological Bulletin 40/1943, S. 153 ff. ()

Erpenbeck, J. (2011): Vortrag beim Stuttgarter Kompetenz-Tag 2011. Online verfügbar unter: https://www.youtube.com/watch?v = gDjO_yFvEN0 (letzter Zugriff: 22.11.2018)

Häder, Michael, Empirische Sozialforschung, Springer Verlag 2015

Heyse, V./Erpenbeck, J./Ortmann, S. (2015): Kompetenz ist viel mehr. Münster

Hörwick, E. (2003): Lernen Ältere anders? In: LASA (Hrsg.): Nutzung und Weiterentwicklung der Kompetenzen Älterer – eine gesellschaftliche Herausforderung der Gegenwart. Tagungsband zur Fachtagung der Akademie der 2. Lebenshälfte am 26. und 27.08.2002. Potsdam. Online verfügbar unter: http://www.forschungsnetzwerk.at /downloadpub/ equal_lernen_aeltere_anders_2003.pdf (letzter Zugriff: 22.11.2018)

Jochmann, W.; Gechter, S. (2007): Strategisches Kompetenzmanagement. Heidelberg

Kirchmann, W. (1998): Veränderungsmanagement mit älteren Mitarbeitern und Führungskräften. München

Klammer, B. (2005): Empirische Sozialforschung. Stuttgart

Kleinaltenkamp, M./Fließ, S. (1995): Berufsbilder und Weiterbildung im technischen Vertrieb. Heidelberg

Kliegl, R.,Mayr, U. (1997): Kognitive Leistung und Lernpotential im höheren Erwachsenenalter. In: Weinert, F. E./Mandl, H. (Hrsg.), Psychologie der Erwachsenenbildung. Enzyklopädie der Psychologie, D/I/4, S. 87–114. Göttingen

Koller, B./Plath, H.-E. (2000): Qualifikation und Qualifizierung älterer Arbeitnehmer. Mitteilungen aus der Arbeitsmarkt- und Berufsforschung (MittAB), 33/2000. Online verfügbar unter: http://doku.iab.de/mittab/2000/2000_1_mittab_koller_plath.pdf (letzter Zugriff: 22.11.2018)

Kramer, J. (1991): Philosophie des Verkaufens. Wiesbaden

Kuhlmann, C. (2004): Grundlagen des Marketing. München

Meffert, H (1998): Marketing: Grundlagen marktorientierter Unternehmensführung. Wiesbaden

Plinke, W. (Hrsg.) (2004): Technischer Vertrieb. Berlin

Reglin, T. (1996): Berufliche Weiterbildung für ältere Arbeitnehmer. Bonn

Reich-Classen, J. (2010): Warum Erwachsene (nicht) an Weiterbildungsveranstaltungen partizipieren. Berlin, S. 5

Saup, W./Strehmel, P./Mayring, P./Faltermaier, T. (2914): Entwicklungspsychologie des Erwachsenenalters. Stuttgart

Schäfter, C. (2010): Die Beratungsbeziehung in der sozialen Arbeit. Berlin

Schaie, K. W. (2013): Developmental influences on adult intelligence. Oxford University Press

Schmidt, B. (2009): Weiterbildung und informelles Lernen älterer Arbeitnehmer. Berlin

Schöni, W. (2006): Handbuch Bildungscontrolling. Zürich

Schuchert-Güler, P. (2009): Aufgaben und Anforderungen im persönlichen Verkauf: Ergebnisse einer Stellenanzeigenanalyse. Working Papers No. 47, Section: Business & Management, 04/2009, IMB Institute of Management Berlin

Schwab, G. (1992): Persönlicher Verkauf im Marketing. Linz

Tippelt, R./Schmidt, B./Schnurr, S./Sinner, S./Theisen, C. (2009): Bildung Älterer – Chancen im demografischen Wandel. Bielefeld. Online verfügbar unter: https://www.die-bonn.de/doks/2009-altenbildung-01.pdf (letzter Zugriff: 22.11.2018)

Stiftung Warentest (2013): Umfrage Weiterbildung: Fachwissen wichtiger als Didaktik. Online verfügbar unter: https://www.test.de/Umfrage-Weiterbildung-Fachwissenwichtigerals-Didaktik-4534080-0/ (letzter Zugriff: 22.11.2018)

Werner, C. (2005): Kompetenzentwicklung und Weiterbildung bei Mitarbeitern in der zweiten Berufslebenshälfte. Dissertation Ludwig-Maximilians-Universität, München. Online verfügbar unter: https://edoc.ub.uni-muenchen.de/3839/1/Werner_Christian.pdf (letzter Zugriff: 22.11.2018)

Anhang: Fragebögen zu den Praxisphasen 1–3

Mitarbeiterevaluierungsfragebogen zur Praxisphase 1

Sie haben an einem Meeting gemeinsam mit Ihrer Führungskraft teilgenommen. Wie würden Sie den Verlauf des Meetings am ehesten beschreiben?

☐ Wir haben das Meeting in den gewohnten Mustern durchgeführt.
☐ Wir haben bewusst versucht, alte Denkmuster zu verlassen und die Realität mit frischen Blicken zu betrachten.

Wie schätzen Sie das durchgeführte Meeting ein? Es war:

☐ eher vergangenheitsbezogen ausgerichtet
☐ eher gegenwartsbezogen ausgerichtet
☐ eher zukunftsbezogen ausgerichtet

Ich habe eine gute Vorstellung davon, was die Zukunft von mir als Verkäufer erwartet.

☐ ja
☐ nein

Ich war in dem Meeting ein aktiver Teilnehmer, der seine Meinung und Vorstellungen einbringen konnte.

ja, in vollem Umfang ☐☐☐☐☐ eher weniger

Die Art der Meetingsdurchführung war anders als bei Meetings davor.

ja, völlig ☐☐☐☐☐ kaum anders

Wie hat Ihnen dieses Meeting im Vergleich zu vorhergehenden Meetings gefallen?

viel besser ☐☐☐☐☐ schlechter

Wie schätzen Sie die Ergebnisse des Meetings gegenüber früheren Meetings ein?

viel besseres Ergebnis ☐☐☐☐☐ eher schlechteres Ergebnis

Für die künftigen Meetings wünsche ich mir:

☐ diese neue Form beizubehalten
☐ zu der alten Form zurückzukehren
☐ ist mir egal

Mitarbeiterevaluierungsbogen zu Praxisworkshop 2

Sie haben in dem Meeting Situationsaufgaben und konkrete Praxisfälle bearbeitet. Wie gut hat Ihnen diese Form des Trainings gefallen.
☐ Hat mir besser weitergeholfen als bisherige Trainings
☐ Hat mir weniger weitergeholfen als bisherige Trainings

Kann Ihrer Ansicht nach diese Form des Trainings dazu beitragen, dass Sie neue künftige Herausforderungen, die Ihr Job mit sich bringt, besser meistern können?
☐ auf jeden Fall
☐ eher nicht
☐ weiß nicht

Das Training wurde von Ihrer Führungskraft mit Ihnen durchgeführt.
☐ Das war für mich ok
☐ Ich hätte es besser gefunden, wenn ein externer Trainer das Training durchgeführt hätte

Wie wichtig ist es Ihnen, dass sich Ihre Führungskraft für die Weiterentwicklung ihrer Mitarbeiter stark einsetzt?
☐ Es ist mir sehr wichtig
☐ Ja, ich begrüße es
☐ Es gibt viele wichtigere Dinge

Wenn Sie Ihrer Führungskraft eine Schulnote für die Durchführung des Trainings geben müssten, welche würde es dann sein? ☐

Welche Vorschläge gibt es von Ihrer Seite, die Weiterentwicklung der Verkaufsmitarbeiter in Ihrem Unternehmen zu verbessern?

_____

_____

_____

_____

_____

_____

Mitarbeiterevaluierungsfragebogen zum Praxisworkshop 3

In dem Meeting wurde über die Veränderung bestehender Prozesse nachgedacht. Sie wurden dabei in Kleingruppen eingeteilt. Konnten Sie in Ihrer Gruppe gute Lösungen für Prozessveränderungen finden?

☐ Ja
☐ Nein

Wie schätzen Sie diese Veränderungsvorschläge für Ihre künftige Arbeit ein?

bringt uns große Vorteile ☐☐☐☐☐ bringt uns keine Vorteile

Diese Art in Richtung Zukunft zu arbeiten, hat mir:

sehr gut gefallen ☐☐☐☐☐ gar nicht gefallen

Wie schätzen Sie sich selbst ein? Wie schwer fällt es Ihnen, Altes loszulassen und sich Neuem zu zuwenden?

fällt mir ziemlich schwer ☐☐☐☐☐ fällt mit leicht, wenn es Sinn macht

Wenn sich Neues nicht gleich bewährt und weiterer Überlegungen bedarf, halten Sie trotzdem daran fest oder kehren Sie lieber zum Alten zurück?

Ich halte trotzdem daran fest ☐☐☐☐☐ Ich kehre lieber zu der alten Lösung zurück.

Wählen sie nun drei der folgenden Aussagen aus, die am ehesten für Sie zutreffen:

☐ Meine Führungskraft ist für mich ein Vorbild
☐ Meine Führungskraft hat eine gute Vorstellung von unserer künftigen Arbeit
☐ Meine Führungskraft ist mir manchmal zu visionär
☐ Meine Führungskraft genießt mein volles Vertrauen
☐ Meine Führungskraft unterstützt mich bei meiner beruflichen Entwicklung
☐ Meine Führungskraft schafft es, mich zu neuen Leistungen zu inspirieren
☐ Meine Führungskraft ist für mich eine Respektsperson
☐ Meine Führungskraft fordert die vorgegebenen Ziele sehr stark von mir ein
☐ Meine Führungskraft lässt mir innerhalb des gesteckten Rahmens genügend Handlungsspielräume
☐ Meine Führungskraft belohnt gute Leistungen

Führungskräfteevaluierungsfragebogen zum Praxisworkshop 1

Wie schätzen Sie es selbst ein: Ist Ihnen die Umsetzung des Workshops gelungen?

ja, sehr gut   ☐☐☐☐☐   überhaupt nicht gut

Welche Schwierigkeiten sind nach Ihrem Empfinden aufgetreten?

_____

_____

_____

_____

_____

Wie schätzen Sie die Mitarbeit Ihrer Mitarbeiter ein? (Entscheiden Sie sich für eine Antwort)
☐ Alle haben mit gutem Engagement mitgearbeitet
☐ Es wurden gute Ergebnisse erarbeitet
☐ Großes Engagement war nicht bei allen gegeben
☐ Ich hätte mir bessere Ergebnisse gewünscht

Wenn wir diese Art der Meetings beibehalten und verbessern, wird sich das positiv auf unsere Ergebnisse und unsere Zusammenarbeit auswirken

davon bin ich fest überzeugt   ☐☐☐☐☐   davon bin ich überhaupt nicht
überzeugt

Was müsste sich Ihrer Meinung nach noch verbessern?
☐ Mehr Offenheit
☐ Höhere Veränderungsbereitschaft der Mitarbeiter
☐ Bessere Zusammenarbeit
☐ Größeres Engagement der Mitarbeiter
☐ Mehr Kreativität

Was möchten Sie zu der Durchführung des Meetings noch ergänzen?

_____

_____

_____

_____

_____

Führungskräfteevaluierungsfragebogen zum Praxisworkshop 2

Sie haben mit Ihren Mitarbeitern einen Workshop durchgeführt, in dem u. a. Fallbeispiele aus der Praxis der Teilnehmer bearbeitet wurden. Wie bewerten Sie diese Art der Mitarbeiterentwicklung? Bewerten Sie nach Schulnoten. ☐

Konnten Ihre Mitarbeiter geeignete Lösungen für die behandelten Probleme finden?

ja, sehr gute Lösungen ☐☐☐☐☐ die Lösungen haben mich nicht
überzeugt

Was halten Sie künftig bei der Entwicklung Ihrer Mitarbeiter für besonders wichtig? Kreuzen Sie max. drei der nachfolgenden Antworten an.
☐ Neues fachliches Wissen vermitteln
☐ Lösungen für aktuelle Problemstellungen selbst erarbeiten lassen
☐ Hoher Selbststeuerungsgrad beim Lernen
☐ Mitarbeiter mehr selbst entscheiden lassen, wie und was gelernt werden soll
☐ Die Unternehmensstrategie bestimmt die Ziele der Mitarbeiterentwicklung
☐ Mitarbeiter müssen lernen, was sie selbst lernen wollen
☐ Peergroups können die Entwicklung sehr gut unterstützen
☐ Die volle Verantwortung für die Mitarbeiterentwicklung liegt bei der Führungskraft

Für die Weiterentwicklung der Mitarbeiter eignen sich meiner Ansicht nach besonders gut (kreuzen Sie max. 2 Antworten an):
☐ Präsenzseminare
☐ Training in oder nah an der Arbeit
☐ Blended-Learning
☐ Activ-Learning
☐ Selbst gesteuerte Peergroups
☐ E-Learning

Führungskräfteevaluierungsbogen zum Praxisworkshop 3

In dem Workshop haben Sie mit Ihren Mitarbeitern gemeinsam über einen kleinen Veränderungsprozess nachgedacht. Sind Sie zu einem guten Ergebnis gekommen?

☐ Ja
☐ Nein

Wo sehen Sie die größten Widerstände, wenn Sie Veränderung gemeinsam mit Ihren Mitarbeitern durchführen möchten?

_____

_____

_____

_____

_____

_____

Wie lassen sich Ihrer Meinung nach Veränderungsprozesse am wirkungsvollsten gestalten?
Kreuzen Sie bitte die beiden Punkte an, die ihnen am wichtigsten erscheinen:

☐ durch Vorbildfunktion der Führungskraft
☐ durch Vertrauen in die Führungskraft
☐ durch Visionen
☐ durch Einbeziehung der Mitarbeiter von Anfang an
☐ durch Verbesserung der Changekultur
☐ durch gutes Commitment der Führungskräfte

Stichwortverzeichnis

Autor

Bernd R. Stelzer ist Fachkaufmann für Vertrieb & Marketing und hat ein Studium zum Master of Arts im Bereich Erwachsenenbildung absolviert. Er arbeitete viele Jahre als nationaler Vertriebsleiter für einen Chemie- und Pharmakonzern. Seit 1992 ist er geschäftsführender Gesellschafter der BEST Bildungs-GmbH und beschäftigt sich mit Aufstiegsfortbildungen im Bereich des Vertriebs und der Pädagogik als Blended-Learning-Kurse. Darüber hinaus berät er mittelständische Unternehmen in den Bereichen Personalentwicklung und Bildungsmanagement. Kontakt: BEST GmbH, Europaring 45, 37284 Waldkappel, Telefon 05656 923689, www.diebest.de, E-Mail: b.stelzer@vertriebsconsulting.de

SCHÄFFER

POESCHEL

Ihr Feedback ist uns wichtig!
Bitte nehmen Sie sich eine Minute Zeit

www.schaeffer-poeschel.de/feedback-buch